听专家田间讲课

设施菜地
退化土壤修复技术

金圣爱　李俊良　主编

U0256326

中国农业出版社

主　　编　金圣爱　李俊良

编写人员（按拼音顺序排）

丁效东　杜志勇　金圣爱

郝庆照　李俊良　梁　斌

梁素娥　刘庆花

出版说明

CHUBAN SHUOMING

保障国家粮食安全和实现农业现代化，最终还是要靠农民掌握科学技术的能力和水平。为了提高我国农民的科技水平和生产技能，向农民讲解最基本、最实用、最可操作、最适合农民文化程度、最易于农民掌握的种植业科学知识和技术方法，解决农民在生产中遇到的技术难题，中国农业出版社编辑出版了这套"听专家田间讲课"丛书。

把课堂从教室搬到田间，不是我们的最终目的，我们只是想架起专家与农民之间知识和技术传播的桥梁；也许明天会有越来越多的我们的读者走进校园，在教室里聆听教授讲课，接受更系统、更专业的农业生产知识与技术，但是"田间课堂"所讲授的内容，可能会给读者留下些许有用的启示。因为，她更像是一张张贴在村口和地头的明白纸，让你一看就懂，一学就会。

本套丛书选取粮食作物、经济作物、蔬菜和果树等作物种类，一本书讲解一种作物或一种技能。作者站在生产者的角度，结合自己教学、培训和技术推广的实践经验，一方面针对农业生产的现实意义介绍高产栽培方法和标准化生产技术，另一方面考虑到农民种田收入不高的实际问题，提出提高生产效益的有效方法。同时，为了便于读者阅读和掌握书中讲解的内容，我们采取了两种出版形式，一种是图文对照的彩图版图书，另一种是以文字为主、插图为辅的袖珍版口袋书，力求满足从事农业生产和一线技术推广的广大从业者多方面的需求。

期待更多的农民朋友走进我们的田间课堂。

2016 年 6 月

设施蔬菜生产是在人工控制条件下充分利用光、热和土地资源进行蔬菜生产的一种高效栽培方式，是农业增效、农民增收的重要手段，具有良好的经济效益和社会效益。由于采用了一定的设施和工程技术手段，可以充分利用太阳能，改善或创造适合蔬菜生长的环境条件，从而在一定程度上摆脱了对自然环境的依赖，实现周年生产及反季节生产。设施蔬菜产业已成为我国农业中最有活力的新产业之一。设施蔬菜生产在整个农业生产中占有重要地位。由于设施蔬菜种植经济效益高，对农民增收作用明显，在经济利益的驱动下，菜农大量投入肥料、水、农药和劳动力等资源，同时土地利用强度高。高投入、高强度的种植一方面造成生产成本急剧上升；另一方面，大量资源的盲目投入导致集约化设施蔬菜产区土壤质量下降和环境恶化，由此带来的蔬菜产品安全问题引起了社会广泛关注，威胁到我国蔬菜产业的可持续发展。

设施蔬菜生产中，由于高度集约化、高温高湿、高蒸发量及化肥的盲目过量投入，以及无雨水淋洗等特点，加之缺少土壤休闲、连作重茬和管理不当等原因，致使设施土壤质量下降，土壤退化问题十分突出。土壤退化已成为设施蔬菜生产可持续发展的主要障碍之一。设施蔬菜栽培中土壤退化主要表现在土壤养分大量富集、养分供应不平衡、土壤酸化、土壤次生盐渍化、土壤结构破坏、土壤生物多样性破坏、连作障碍等几个方面。针对以上诸多问题，生产上应采取一定的技术措施进行防控和修复，以保证设施蔬菜生产的高产高效、优质安全和可持续发展。

老一辈土壤科学家陈怀满先生在一次访谈中讲，"修复"是个新名词，从传统来讲，我们过去叫土壤改良。我们国家对土壤质量的改进或改良一直很重视，现在所说的"修复"中还包含管理的内容。潘根兴教授则在《可持续土壤管理：土壤学服务社会发展的挑战》一文中提出可持续土壤管理的理念。可持续土壤管理包括：维持土壤的自然资源价值，保持和提升土壤功能与生态系统服务，管控日益严峻的土壤退化趋势等，最终构建新型土壤管理技术体系，实现土地利用的多赢。因此设施退化土壤修复技术不单单只针对已退化土壤的修复，还应该包含设施土壤退化管控及培肥保育措施。

　　本书在介绍土壤退化相关理论知识的基础上全面详细介绍了设施菜地退化土壤的修复技术，为广大农业科技工作者及农民朋友提供参考和借鉴，以达到促进设施农业可持续发展的目的。鉴于编者水平所限，书中不妥之处难免，敬请读者批评指正。本书的编写得到了山东省农业重大应用技术创新项目的资金支持，在此表示感谢。

编　者

2016 年 12 月

目录
MU LU

第一章
设施蔬菜的发展与资源投入现状

第一节 设施蔬菜的发展概况

设施农业是依靠现代科学技术形成的高技术产业，是农业实现规模化、商品化、现代化的集中体现，也是农业高产、优质、高效的有效措施之一。自20世纪80年代以来，我国设施农业迅猛发展，取得了巨大进步。我国是世界上设施栽培面积最大的国家，大中城市基本实现了蔬菜的全年供应，蔬菜的人均占有量超过世界平均水平。但我国设施农业存在着重"硬件"设施建造、轻"软件"管理的倾向：大棚特殊的建造结构、高集约化生产程度、高复种指数、高温高湿、高蒸发量、肥料施用量大及无雨水淋洗等特点，致使设施土壤质量下降，出现明显的连作障碍。

目前全国农业设施面积 300 多万公顷,其中大型连栋温室 150 万公顷左右,日光温室 60 万公顷左右,日光温室占北方地区整个温室和大棚面积的 80% 左右。生产以设施蔬菜为主,占设施总面积 95% 以上,但近年来设施果树和花卉以及设施养殖业也在快速发展。设施蔬菜栽培国外已有 100 多年的发展历史,我国设施蔬菜栽培从 20 世纪 80 年代后期全面兴起,90 年代中期是发展高潮,设施蔬菜栽培面积不断扩大。我国设施蔬菜栽培面积由 20 世纪 80 年代不足 0.7 万公顷发展到 2007 年的 337 万公顷,增长了近 500倍。设施蔬菜总产量达 1.68 亿吨,其面积占全国蔬菜种植面积的 18.7%,产量则占全国蔬菜总产量的 25%;总产值 4 100 多亿元,占蔬菜总产值的 51%(农业部,2008)。

我国设施蔬菜主要分布在环渤海湾及黄淮海地区、长江中下游地区和西北地区,分别占全国的 57%、20%、7.4%,可以解决 2 500 多万人就业,并且可以带动相关产业的发展,创造了1 300 多万个就业岗位。由此可见,设施蔬菜已经成为我国蔬菜生产的主导产业,它不仅给人们带来显著的经济效益，同时也产生了一定的社会效益。规模化设施蔬菜生产克服了地域气候障碍对蔬菜生产的影响，解决了季节性蔬菜供应严重短缺的矛盾，保证了蔬菜的周年均衡供应。在突破了传统农业生产系统极易受外界环境和农业资源限制的同时，设施蔬菜的发展还提高了农业资源和劳动力的高度集约化利用效率，提高了农业生产力，使得单位产量和经济效益大幅度提高。

设施蔬菜栽培具有明显的反季节性，与露地栽培相比具有更高的收益，为丰富我国"菜篮子工程"、改善老百姓生活质量做出了巨大的贡献。设施蔬菜栽培在许多地区逐渐形成规模化，已成为农民增产增收和社会稳定的支柱性产业。然而，蔬菜种植区采用"一水一肥，肥大水勤"的粗放管理方式，造成水肥投入过量、生产成本高、水肥效益较低、硝酸盐污染地下水和土壤质量退化等一系列的环境问题。因此，协调设施蔬菜生产的高产、优质、高效和环境友好，对水肥投入提出了很大的挑战。因此，设施蔬菜生产上合理的水肥资源管理及设施菜地退化土壤的保育

修复，对集约化设施蔬菜产区的可持续发展来说
具有极其重要的意义。

第二节　设施菜地资源投入
现状分析

设施菜地土壤或保护地土壤是指玻璃温室、
日光温室、塑料大棚等园艺设施栽培土壤的
总称。

一、水肥投入现状分析

农民传统的种植模式为"一水一肥，肥大水
勤，肥随水走"，不合理的灌溉方式导致过量施
肥现象较为普遍。目前，日光温室蔬菜生产中普
遍采取大水漫灌的沟灌、畦灌和漫灌方式。据调
查，山西省盐湖区日光温室种菜的农户，每季灌
溉 10～20 次，每次 47～63 毫米，灌溉总量
470～1 200 毫米，平均 767 毫米；山东寿光设施
蔬菜生产调查表明，一季的灌溉量高达 1 000 毫
米。灌溉量远远超过了作物生长需要和土壤持水

能力，过量灌溉必然会带来一系列不良后果，主要有如下几个方面：

1. 养分大量淋失

目前，设施蔬菜主要以沟灌、畦灌等大水漫灌方式为主，一季的灌溉总量高达 1 000 毫米，单次灌溉量则高达 100～150 毫米，可入渗到 2 米以下的土壤深度，造成养分（尤其是氮素）大量淋失和强烈的土壤硝化反硝化损失。

2. 土壤含水量和大棚空气湿度过高，导致真菌病害加剧

大水漫灌和不合理的灌溉，导致土壤含水量高和棚内湿度大，空气相对湿度往往可高达 80%～100%，十分适合病菌繁殖，导致真菌类病害如白粉病、霜霉病、枯萎病、菌核病、灰霉病、软腐病等发生严重，尤其是在冬春季节，植株叶面结露后，病菌侵染很快，在通风不良的条件下迅速蔓延成灾。大棚条件下病原菌、害虫不需冬眠越冬，可以周年繁殖，四季为害；害虫不受风雨和天敌影响，条件优越，繁殖迅速，易暴发成灾。大水漫灌土壤和棚内湿度大，喜潮湿环境的害虫如蜗牛、蛞蝓等也较为严重；而小型害虫如蚜虫、白粉虱、螨类等既可在露地越冬，又可在棚室内继续生长繁殖造成危害。

3. 作物根系缺氧，根际微生态环境恶化，作物抗逆性降低

根系是作物吸收水分和养分的重要器官。当土壤通气状况良好、氧气供应充足时，一方面能够促进根系生长，扩大吸收面积；另一方面，能够增强根系抗逆性。然而，当土壤含水量高、根系空气氧含量低时，根系呼吸减弱，造成有害物质积累，根系中毒，植株抗逆性降低。此外，缺氧还会产生其他还原性物质如亚铁、亚硝酸根、硫化氢等，不利于根系生长。尤其是对于一些表土层缺失的新大棚，土质较黏、土壤团聚体少，过量灌溉和施用有机肥将显著降低土壤中的氧含量，进而导致作物根系缺氧，抗逆性降低。

过量冷水灌溉往往还会出现低温现象，使植株细胞内原生质和水分子的黏滞性增加，提高了水分扩散阻力，使得根系代谢活动和主动吸收能力减弱。低温时，植株体内水分运输阻力增加，但气孔一般不随土壤温度下降而关闭，造成蒸腾失水大于根系吸水；另外，呼吸出现不正常增加现象，长时间低温可使植物因"饥饿"而死亡。在炎热的夏季中午，突然向植物浇冷水，会严重地抑制根系水分吸收，同时又因地上部蒸腾作用强烈，使植物吸水速度低于水分扩散速度，造成植物地上部水分亏缺，发生"生理干旱"，引起"火烧病"，导致植株受伤，生长不正常。所以，老百姓有"午不浇园"的经验。此外，低温环境很容易导致作物根系生长发育迟缓，吸收养分能力降低，从而使植株抗病能力减弱，尤其是幼嫩的生长点部位，更容易受病菌感染，导致烂头现象的发生。

二、养分投入现状分析

1. 总养分投入量较高

为了获得更高的经济效益，菜农大量投入肥料、水、农药和劳动力等资源。一方面，造成生产成本急剧上升；另一方面，大量资源的盲目投入造成了集约化蔬菜产区土壤质量下降和环境质量恶化，尤其是蔬菜产品安全问题引起了社会各方面的广泛关注，威胁到我国蔬菜产业的可持续发展。保守估计，我国设施蔬菜每季主要养分的投入量氮素（N）为 $700 \sim 1\,200$ 千克/公顷、磷素（P_2O_5）为 $600 \sim 1\,000$ 千克/公顷、钾素（K_2O）为 $300 \sim 1\,000$ 千克/公顷。以我国最大的蔬菜生产基地之一、拥有 40 万个冬暖式大棚的山东省寿光市为例，每年温室栽培由化肥带入的氮（N）、磷（P_2O_5）、钾（K_2O）养分分别从 1994 年的 817 千克/公顷、956 千克/公顷和 575 千克/公顷增加到 2004 年的 $1\,272$ 千克/公顷、$1\,376$ 千克/公顷和 $1\,085$ 千克/公顷。

除了无机肥料的高投入外，有机肥过量施用现象也很严重。有机肥的总投入量一般多以鲜重计量或以体积计算，所以投入量变异很大，每季每公顷施用十几吨到 200 吨不等，给正确估算施用量带来了很大困难。总体上看，有机肥带入的氮、磷、钾养分量占总养分投入量的 $40\% \sim 50\%$。传统上，我国蔬菜栽培是大量施用有机肥的。设施菜田如此高的有机肥投入，尤其是在设施大棚建成后的最初 $3 \sim 4$ 年，是为了改土。在我国北方不少地区，为了提高温室的保温效果，菜农往往采用深挖的方式，将大部分表层肥力较高的土壤移走，留下少量表土与新土层混合。为了快速培肥，不得不在蔬菜生产的前几年投入更多的有机肥。而以碳氮比不太合理的鸡粪为主的有机肥投入，更多是增加养分的投入，对土壤有机质贡献效果不明显。

2. 氮肥投入量远远高于作物需求

据报道，寿光市日光温室番茄生产中每季氮素投入量高达 2 200 千克/公顷，远远超过植株地上部带走量。近年来，尽管氮肥施用量呈下降的趋势，但是综合寿光 1996—2005 年日光温室施肥的调查资料表明，果菜类设施蔬菜平均每季养分投入化肥氮素仍然高达 1 200 千克/公顷，是作物地上部带走量的 5 倍。

3. 氮、磷、钾比例失调

设施大棚蔬菜生产中，肥料施用量大已是不争的事实。然而，氮、磷、钾投入比例不科学往往被忽视。北京地区保护地蔬菜氮素（N）平均投入量为 725 千克/公顷，磷肥（P_2O_5）投入量约为 500 千克/公顷，钾肥（K_2O）投入量约为 259 千克/公顷，氮、磷、钾的比例约为 1∶0.69∶0.36；河北藁城地区，大棚番茄的氮、磷、钾投入比例约为 1∶0.31∶0.32；近年来，山东寿光地区设施菜田磷、钾投入量大幅度上升，土壤有效磷、速效钾的积累十分明显，分别达到了250～300毫克/千克和600～800毫克/千克，但是氮、磷、钾比例仍然不合理（1：0.5：1）。而且，各地设施蔬菜生产指南所建议氮、磷、钾比例为1：0.35：0.59，与合理氮、磷、钾比例也相差甚远（表1-1）。以上诸多调查结果表明，目前设施蔬菜生产中养分投入比例与蔬菜的吸收比例相差很大，某些地区磷素投入比例过大，远大于蔬菜吸收比例，而钾素供应比例远低于吸收比例。过量的氮素供应和低的钾素投入会直接影响到蔬菜的品质及产量，引起不必要的经济损失，而长期大量磷素的供应会造成土壤表层磷素的大量富集，从而对环境产生潜在威胁。

表1-1 我国典型农户、德国菜农、各地生产指南和
建议调整后的施肥方案中氮、磷、钾比例

项　　目	N：P_2O_5：K_2O
典型农户	1：0.42：0.42
德国菜农	1：0.28：1.93
生产指南	1：0.35：0.59
调整方案	1：0.38：1.81

第三节 设施菜地土壤存在的
主要问题

一、设施菜地土壤次生盐渍化问题

1. 设施菜地土壤次生盐渍化特点

设施菜地土壤次生盐渍化已成为国内外设施栽培普遍存在的问题。次生盐渍化的发生不仅严重危害蔬菜的生长发育，导致蔬菜产量、品质的下降，而且还阻碍设施土壤的可持续利用。

土壤盐分含量高，一方面由自然的成土过程即盐化过程或盐化作用导致，另一方面也可因人为利用不当所引起，即次生盐渍化。

盐化过程是指地表水、地下水以及母质中含有的盐分，在强烈的蒸发作用下，通过土壤水的垂直和水平移动，逐渐向地表积聚，或是已脱离地下水或地表水的影响，而表现为残余积盐特点的过程。前者称为现代积盐作用，后者称为残余积盐作用。盐化土壤中的盐分主要是一些中性盐，如氯化钠、硫酸钠、氯化镁、硫酸镁。

次生盐渍化指由于不合理的耕作灌溉而引起的土壤盐渍化过程。主要发生在我国的华北平原、松辽平原、河套平原、渭河平原等。因受人为不合理措施的影响，使地下水抬升，在当地蒸发量大于降水量的条件下，使土壤表层盐分增加，引起土壤盐化。

设施菜地土壤的次生盐渍化导致的盐分含量高有其自身的特点。设施菜地次生盐渍化盐分组成以硝酸根（NO_3^-）、硫酸根（SO_4^{2-}）、钙离子（Ca^{2+}）为主，这是设施土壤次生盐渍化的主要特征，这个特征使其有别于滨海盐渍化土和内陆盐碱土。而土壤盐分集中在地表及耕作层是设施土壤次生盐渍化最明显的特征。其他主要次生盐渍化离子有阴离子：氯离子（Cl^-）、碳酸根离子（CO_3^{2-}）；阳离子：镁离子（Mg^{2+}）、钾离子（K^+）、钠离子（Na^+）。当过量施用氮肥时土壤盐分阴离子以硝酸根为主，硝酸盐对设施菜地次生盐渍化贡献率占主导地位。一些地区偏重施用硫酸钾作为钾肥的主要来源，使得这些地区的硫酸根离子残留比较严重，有些土壤中硫酸根离子含量已经高于硝酸根离子的含量，成为设施菜地次生盐渍化的一个重要因子。

发生次生盐渍化的设施菜地土壤，干燥时土表出现白色霜盐，土壤板结；湿润时土表出现紫球藻。当土壤含盐量超过 10 克/千克时，土面会有块状紫红色胶状物（紫球藻）出现。紫球藻可作为设施菜地土壤盐渍化的指示植物。菜园地潮湿时常出现绿色青苔。温室大棚初建时，在土壤湿润处仍能看到这种青苔，但随着设施内土壤表面盐分的积聚，青苔的颜色会从嫩绿逐渐转为深绿和暗绿色，继而出现紫红色，以至全变为紫红色，土壤水分越高，这一现象越明显。童有为曾取露地菜园土和设施盐渍土壤，经高温高压消毒，分别装入 2 只已消毒的玻璃瓶中，加入少许蒸馏水，而后扞取薄层紫红色表土，接种于两瓶内，置于窗前有阳光处，不出数月可见露地菜园土上长出绿色青苔，而设施盐渍土上则长出紫红色的藻类。这是紫红色表土内的青苔和紫色藻类各自在适宜的盐分条件下繁衍生长的结果：经显微摄影，紫红色球藻在 500～600 倍镜下，直径长 6～8 毫米，每个球藻体内均含有紫红的色素。耐盐的紫球藻在设施土壤盐渍过程中，逐步增加个体，使青苔的颜色渐起变化，以至完全掩盖绿色而呈紫红色。因此，它能为我们在控制设施土壤盐渍化方面提供明显有用的指示作用。可见，温室大棚等设施土壤严重盐渍后，湿润时必然出现紫红色的藻类。

2. 设施菜地土壤次生盐渍化的成因

（1）**不合理施肥**　保护地蔬菜生产中存在着盲目施肥现象，有大量的肥料将不被吸收而残留在土壤中，这是温室土壤盐分的主要来源，是引起土壤盐渍化的直接原因。在施用的肥料中无机肥占相当大的比例，硝酸钙、硝酸钾、硫酸钾、氯化钾等无机肥溶解在土壤溶液中，一方面提高了土壤溶液的浓度，另一方面又引起土壤 pH 降低，使铁、锰、铝等元素的可溶性提高，从而使土壤盐溶液的浓度进一步升高，更加剧了土壤次生盐渍化的发展。另外，肥料表施也导致设施菜地表土盐分积累。据分析，设施菜地内土壤溶液的电导率从下层向地表方向呈梯度递增，表层土壤的电导率一般较下层土壤高 1～3 倍。由于蔬菜根系一般分布较浅，肥料多表施，造成表土积盐现象严重。

（2）**不合理灌溉** 不合理灌水和灌水次数频繁，引起地下水位进一步上升，矿化度增大，土壤团粒结构被破坏，大孔隙减少，通透性变差，毛管作用增强，形成板结层。盐分不但不能移动到土壤深层，反而随毛细管水上升到土壤表层，水分蒸发使盐分积累下来，盐分表积逐渐加剧，造成土壤板结和次生盐渍化的发生。

（3）**设施菜地特定环境** 设施菜地是人为创造的反季节生产的小环境，封闭的环境大大降低了降雨对土壤的自然淋溶作用，菜地内施用的大量矿质肥料既不能随雨水流失，也不能随雨水淋溶到土壤深层，而是残留在土壤耕层内。与露天土壤相比，设施菜地蒸发程度较高，导致土壤中盐分无法及时下渗散失而聚集于土壤耕层。加之设施菜地内长期处于高温状态，土壤水分蒸发量较大，致使土壤上层水分迅速消耗并促使下层水分和地下水向上移动来补充上层水分的消耗，从而使盐分随水被带至表层，加速了表层土壤盐分的积累。按照"盐随水来，盐随水去，水散盐留"的规律，盐分必然会在表土积聚，产生盐害。

3. 设施菜地土壤次生盐渍化的危害

(1) 对设施蔬菜的直接危害

① 生理干旱。设施土壤发生次生盐渍化，土壤中可溶性盐类过多，引起土壤溶质势或渗透势的变化而使土壤总水势降低，水由高水势向低水势方向运动。由于土壤总水势降低引起植物根细胞吸收土壤水分困难或者使植株根细胞脱水。换言之，土壤中盐类积聚以后，导致土壤溶液与作物根部的渗透压差缩小，导致农作物对水分的吸收不良，引起作物体内水分平衡失调，致使作物发生生理干旱，轻则使作物生长发育受到抑制，严重时导致作物凋萎死亡。如一般植物在土壤盐分含量达到 1 克/千克时，其正常生长就会受到影响；达到 2～5 克/千克时，根系吸水困难；高于 4 克/千克时，植物体内水分易外渗，生长速率显著下降，甚至导致植物死亡。

因此，盐害的通常表现是生理干旱，尤其是在高温强光照情况下，生理干旱现象表现得更为严重。蔬菜发生生理干旱后易引起生长发育不良、植株抗病性下降、病虫害加重等后果，严重影响蔬菜的产量和品质。

② 影响蔬菜对养分的吸收。作物所需的养分一般都是伴随水分进入植物体内，因此，盐分过多影响作物吸收水分，也影响作物对养分的吸收。蔬菜受盐害时，最初表现为生长矮小，产量降低，严重者株态变形，叶面积减少，节间缩短，植株枯萎，生长缓慢，代谢受抑制，植物的干重显著降低，叶子转黄，甚至出现盐斑，叶子萎蔫，植物死亡。

土壤硝酸盐积累可引起蔬菜对各营养元素吸收不平衡。酸性土中硝酸盐积累可引起铁、锰中毒和发生锌、铜缺乏症；石灰性土壤则可能引起铁、锌和铜等元素的缺乏。土壤溶液中钠离子、氯离子大量存在，会抑制植物对钙、镁、铁等离子的吸收，破坏植物体内的矿质营养过程，植物的营养状况失去平衡。从离子毒害性的角度分析，土壤硝酸根过量累积，使蔬菜体内硝酸盐积累，品质变劣，降低蔬菜的市场竞争力；人体摄入的硝酸盐在细菌作用下可还原成亚硝酸盐，亚硝酸盐可与人和动物摄取的胺类物质在胃腔中形成强力致癌物——亚硝胺，从而诱发消化系统癌变，危害人类自身的健康；氯离子还会对作物产

生直接的毒害作用，如氯离子使作物体内的叶绿
素含量降低，蔬菜淀粉及糖分降低，品质变劣，
产量降低。张玺等通过盆栽试验对几种蔬菜的耐
氯能力进行了研究，结果发现，高浓度氯离子使
西红柿生长受到抑制，对产量有较大的影响，产
量与土壤离子浓度之间存在极显著负相关关系。

（2）对设施菜地土壤质量的影响 土壤中的
盐分积累影响土壤微生物活性。土壤微生物如细
菌、放线菌、真菌、藻类等，对于土壤肥力的形
成、植物营养的转化起着极为重要的作用。土壤
中的盐分可抑制土壤微生物的活动，影响土壤养
分的有效化过程，从而间接影响土壤对作物的养
分供应。保护地土壤次生盐渍化不仅会直接影响
土壤微生物的活性，还会通过改变土壤的部分理
化性质来间接影响土壤微生物的生存环境。土壤
含盐量的增加降低了土壤中硝化细菌、磷细菌和
磷酸还原酶的活性，从而使氮的氨化和硝化作用
受到抑制，土壤有效磷含量减少，硫酸铵和尿素
中氨的挥发随之增加。如氯化物盐类能显著地抑
制氨化作用，当土壤中氯化钠达到 2.0 克/千克
时，氨化作用大为降低，达到 10 克/千克时，氨

化作用几乎完全被抑制，而硝化细菌对盐类的危害更加敏感。

（3）**污染环境** 土壤发生次生盐渍化，会对周围生态环境造成不良影响。土壤中的部分盐分离子，在大水漫灌条件下会被淋溶到深层土壤或地下水中，对地下水造成污染。在长期设施栽培条件下，氮素淋溶可导致地下水硝态氮污染。另外，过量的硝态氮还造成氮氧化物等温室气体的大量释放，使温室内有害气体聚集量增加，对蔬菜生长产生直接危害。土壤磷素的过量累积对环境也会带来潜在的威胁：一方面，在质地较粗的土壤中可以发生磷素的淋失；另一方面，土壤侵蚀和地表径流会将表土中的磷素带入水体，引起富营养化。

二、设施菜地土壤酸化问题

1. 设施菜地土壤酸化特点

土壤酸化是保护地土壤退化的主要特征之一。土壤的自然酸化过程，由盐基离子淋失、土壤交换性铝离子和交换性氢离子增多所致，相对缓慢。然而，保护地土壤 pH 下降（酸化）和盐分积累（盐碱化）过程同时发生，且速度较快。

2. 设施菜地土壤酸化成因

土壤 pH 取决于成土母质和立地条件，同时受到年降水量、耕地深度、施肥量及施肥种类等因素影响。保护地种植业的发展壮大，改变了传统的种植模式，大量肥料特别是生理酸性肥料的施用，加速了土壤酸化的进程。设施菜地土壤酸化的发生原因主要有以下几个方面。

（1）施肥的影响

① 施用生理酸性肥料导致土壤酸化。所谓生理酸性肥料是指肥料中的阳离子能被蔬菜大量地吸收利用，而阴离子不被或少量地被蔬菜吸收利用，大量残留在土壤中使土壤 pH 降低的一类肥料（表 1-2）。如氯化铵和硫酸铵是两种典型的生理酸性肥料，铵离子被蔬菜大量吸收，氯离子和硫酸根离子被蔬菜少量吸收，而大量留存在土壤溶液中使土壤 pH 降低。再如硫酸钾或硫酸钾型复合肥，也属于酸性肥料。多年连续大量施用酸性肥料会导致土壤酸化。种植户偏爱的磷酸二铵所含的五氧化二磷与水反应生成磷酸，磷酸

在土壤中大量积累,加快了土壤酸化的进程。一般菜地施用生理酸性肥料的时间越长、数量越大,土壤酸化的速度越快、程度越重。还有有机肥——鸡粪呈现酸性,据大量的调查结果,施用鸡粪的地块土壤酸化严重。

表 1-2 常见肥料的酸碱度

化肥类型及名称		化学酸碱性	生理酸碱性
氮肥	碳酸氢铵	碱性	中性
	硫酸铵	弱酸性	酸性
	氯化铵	弱酸性	酸性
	硝酸铵	弱酸性	中性
	尿素	中性	中性
磷肥	过磷酸钙	酸性	酸性
	重过磷酸钙	酸性	酸性
	钙镁磷肥	碱性	碱性
	磷矿粉	中性或微碱性	碱性
钾肥	硫酸钾	中性	酸性
	氯化钾	中性	酸性
复合肥	硝酸磷肥	弱酸性	中性
	磷酸一铵	酸性	中性
	磷酸二铵	微碱性	中性
	磷酸二氢钾	弱酸性	中性

引自高建峰等,2015。

② 过量施用尿素等氮肥也会导致土壤酸化。除了生理酸性氮肥氯化铵和硫酸铵外,长期大量施用碱性及中性的氮素肥料也会导致土壤酸化。在生产上常用的碱性氮素肥料有碳酸氢铵、氨水。碳酸氢铵施入土壤后很快溶于土壤水溶液被分解为铵离子和碳酸氢根离子,铵离子被蔬菜吸收,碳酸氢根也可以部分被吸收或在酸性条件下分解成二氧化碳和水;氨水施入土壤后,除部分被土壤吸附外,大部分溶于土壤水溶液中形成氢氧化铵,经离子交换作用,铵离子被吸附在土壤胶体上。碳酸氢铵施用适量不会对土壤产生不利影响,而氨水施用初期会提高土壤的碱性,经土壤离子交换或被硝酸细菌硝化后,碱性很快消失。如果过量施用,因菜田土壤通气条件好,碳源丰富,硝化作用旺盛,大部分的铵离子会被氧化成亚硝酸根或硝酸根离子,从而提高土壤的酸度,长期大量施用会造成土壤酸化。

尿素施入土壤后,在脲酶的作用下全部转化为碳酸铵。碳酸铵水解产生铵离子和碳酸根离子。铵离子可被蔬菜吸收利用,也可能变成氨进一步挥发到大气中,还可能在硝化细菌的作用下被转化成硝酸根，从而提高土壤酸度。因此，长期大量施用尿素也会导致土壤酸化。蔬菜生产上经常使用的生理中性的氮素肥料有硝酸铵和尿素。硝酸铵施入土壤后，很快离解成铵离子和硝酸根离子，这两种离子都可以被蔬菜吸收利用，但在过量施用的条件下，过量的铵离子会被硝化成硝酸根离子，提高土壤酸度，长期大量施用则会导致菜田土壤酸化。

③ 养分投入不均衡导致土壤酸化。设施菜地土壤氮、磷、钾三元素的投入比例过大，而钙、镁等中微量元素投入相对不足，造成土壤养分失调，使土壤胶粒中的钙、镁等碱基元素很容易被氢离子置换。

（2）蔬菜作物的选择性吸收所致 温室大棚作物产量高，从土壤中移走了过多的碱基元素，如钙、镁、钾等，土壤的盐基饱和度降低，导致了土壤中的钾和某些中微量元素消耗过度，土壤的盐基饱和度降低，土壤的交换性致酸离子增多，使土壤向酸化方向发展。

（3）土壤有机质含量过低加重酸化 土壤有机质中的腐殖质有着巨大的比表面积和表面能，

具有较强的吸附性，以及较高的阳离子代换能力，在很大程度上能缓冲土壤中氢离子的浓度。设施菜地高温高湿，加速了土壤有机质分解，在土壤中产生了较多的有机酸和腐殖酸，导致耕层土壤酸性离子的积累；有机质分解迅速，含量下降，土壤缓冲能力降低，导致土壤酸化。设施菜地复种指数高，化肥用量大，导致土壤有机质含量下降，缓冲能力降低，土壤酸化问题加重。

3. 设施菜地土壤酸化的危害

(1) 对设施土壤的影响

① 土壤团粒结构受破坏。土壤团粒结构是由疏松的呈小米粒至豆粒大小不等的无数颗粒组成的，能调节土壤中水、肥、气、热状况。钙离子与土壤中的黏粒相互作用，可以形成絮状凝胶体。这种胶体可以把分散无结构的土壤颗粒胶结在一起，形成遇水不易分散的"水稳性团粒结构"。钙离子在土壤团粒结构的形成和保持过程中起重要作用。土壤酸化会导致土壤中钙离子大量淋溶，使土壤的团粒结构遭到破坏。土壤有机质多数为胶体，在土壤中它和土粒黏合，生成有机—无机复合体，可增加土壤中团粒结构。设施

菜地酸化土壤通常有机质含量低，土壤团粒结构减少，特别是水稳性团粒结构减少，从而导致设施菜地土壤通气透水性不良，降水或灌水后土壤易板结。

土壤结构被破坏，土壤板结，**物理性变差**，蔬菜抗逆能力下降，抵御旱涝自然灾害的能力减弱。

② 磷的有效性降低。磷在土壤中的有效性较低，易被固定而不能被蔬菜吸收利用。土壤 pH 为 6.5 左右，磷的有效性最高；土壤 pH 低于 6 时，由于土壤中铁、铝的含量升高，磷易被铁、铝固定，生成难溶性的磷酸铁和磷酸铝。

③ 影响微量元素的有效性。各种微量元素的有效性受土壤有机质含量、黏粒含量、pH、氧化还原电位等许多因素影响，其中 pH 的影响最为显著。土壤酸化对微量元素有效性的影响体现在两个方面：其一是提高锰、锌、铜、铁、硼的有效性，这有利于蔬菜的吸收利用，同时也产生流失严重或大量积累对蔬菜产生毒害作用等问题。其二是降低钼的有效性，钼在 pH 为 3～6 的条件下，以对蔬菜无效的酸性氧化物形式存在，在 pH 为 7.0 的土壤上才生成 6 价钼的水溶

性盐。所以，土壤酸化使钼有效性降低。因为钼是固氮酶系统的重要部分，钼缺乏导致固氮活性下降。

④ 土壤盐基饱和度下降。土壤酸化导致土壤溶液中的氢离子浓度变高，土壤胶体上的钾、钙、镁离子等盐基离子被土壤中氢离子置换出来，进入并存在于土壤溶液中，易随土壤水分移动而流失。盐基离子减少造成钾离子、钙离子、镁离子大量淋失，土壤酸度增强。土壤酸化和钾、钙、镁离子的淋溶是相互促进的。

此外，在酸性条件下，铝、锰的溶解度增大，有效性提高，对蔬菜产生毒害作用。

⑤ 对土壤生物的影响。

a. 土壤酸化对土壤动物的影响。土壤动物是土壤中的一个重要生物类群，主要由线虫、蚯蚓、蚂蚁等组成。这些动物活动在土壤中可以疏松土壤，改善土壤结构、土壤通气和排水状况，提高土壤持水量；同时土壤动物的排泄物含丰富的氮、磷、钾等养分，能被土壤微生物和作物吸收利用。蚯蚓喜钙，一般不耐酸，在交换性钙含量高的石灰性土壤中活性比较高。有研究表明，土壤 pH 过低影响土壤动物的数量和活性，最典型的就是线虫的数量和危害将大幅度增加。线虫会破坏作物根系，导致植株扎根不牢，容易倒伏，无法正常吸收养分，地上部分也无法正常生长。

b. 土壤酸化对土壤微生物的影响。土壤中的微生物数量大、种类多、分布广，是土壤生物中最活跃的部分，土壤生物活性大约 80% 应归功于土壤微生物。土壤微生物对养分的循环转化、土壤有机质的分解、腐殖质的合成起着非常重要的作用。土壤中微生物的数量、分布和活性等是衡量土壤肥力和养分的重要指标，也可以指示土壤中物质代谢的旺盛程度。土壤微生物包括细菌、放线菌、真菌、蓝藻等，其中细菌最多、放线菌次之、蓝藻最少。

土壤酸化后，微生物数量减少，且生长和活动受到抑制，会影响到土壤中有机质的分解和矿质元素的循环，将导致土壤供肥能力下降，进而影响到植物的正常生长。一般情况下，土壤微生物中的细菌和放线菌适宜生活在中性至微碱性的土壤环境中，当土壤 pH 过低时，它们的活性会受到严重影响，使得土壤矿化速率下降。而真菌一般比较耐酸，因此，酸性土壤易滋生真菌，使作物的根际病害增加。酸性土壤滋生真菌，根际病害加重，且控制困难，尤其是十字花科的根肿病和茄果类蔬菜的青枯病、黄萎病增多。

（2）对设施蔬菜作物的影响

① 不利于蔬菜的生长发育。土壤酸化对蔬菜的影响主要通过以下几个途径：第一，影响土壤养分的供给状况进而影响蔬菜的生长发育。第二，影响根系对养分的吸收。因为土壤的酸碱度影响细胞质的带电性。蔬菜根的细胞质是由蛋白质等物质构成的，蛋白质中氨基酸类物质是两性电解质，在微酸性溶液中氨基酸带正电荷，易于吸附外界溶液中的阴离子，在微碱性溶液中氨基酸带负电荷，易于吸附外界溶液中的阳离子。所以，土壤酸化造成土壤溶液中大量氢离子存在于根系，吸附阴离子的能力增强，不利于钾等阳离子的吸收，从而影响蔬菜的发育。第三，影响蔬菜根系的代谢过程。蔬菜根系的吸收等代谢过程一般要在中性微酸的条件下进行，土壤 pH 过低

则不利于这些代谢的进行,不利于根的生长,进一步影响蔬菜的生长发育。

② 影响作物对肥料的吸收与利用。土壤酸化直接影响作物对各种元素的吸收与利用,当土壤 pH 降低至 4.0 左右时,即使施肥,作物也难以利用,表现出生长不良、缺素症状,严重时根系生长受阻,主根短而细呈黄褐色,后期变成黑褐色,植株生长不良或停止生长,直至死亡。酸性条件下,土壤中的氢离子增多,对蔬菜吸收其他阳离子产生颉颃作用。

③ 蔬菜发生铁、铝、锰中毒现象。土壤 pH 为 2.5～5.0 时,铁、铝、锰的溶解度急剧增加会对蔬菜产生毒害作用,尤其是非蔬菜生长发育必需营养元素铝,在酸化土壤上溶解度升高,蔬菜产生铝中毒现象。

三、设施菜地土壤板结问题

1. 设施菜地土壤板结的危害

土壤板结是指土壤表层在灌水或降雨等外因作用下结构破坏、土粒分散,而干燥后受内聚力作用而使土壤变硬的现象。板结的土壤土面变硬，透气性差，渗水慢，氧气不足，不利于作物生长。土壤板结是设施蔬菜栽培中常见的一种土壤障碍，对蔬菜正常生长极为不利。

土壤板结，通透性差，氧气含量低，还原性强，多种阳离子被还原吸附在作物的根表，形成一层作物吸收营养的屏障，使得有用营养吸收困难，作物生长缓慢，缺氧环境刺激厌氧微生物繁殖，产生毒素和有害气体，使根系生长困难，病害加剧，严重的导致根系死亡。

团粒结构是农业生产上土壤最好的结构。具有团粒结构的土壤能增加土壤的蓄水量，提高土壤通气、透水、保水、供水性；具有团粒结构的土壤保肥供肥性好，能持续提供植物养分；具有团粒结构的土壤水气协调，富含有机质，土色也较暗，因而土温变化小，加之土壤疏松，耕作省力，耕地质量好，有利于种子发芽和根系的发育。团粒结构一般都具备良好的水、肥、气、热及耕性等条件，是高产旱地土壤所具有的结构类型。所以，土壤结构体中以团粒结构为主时，能够疏通空气，从而疏松土壤，提高地温，同时有利于土壤微生物的活动，促进有机物质的分解，增加土壤养分供应能力，改善营养条件。

土壤板结的情况下，通气性变差，植物根部细胞有氧呼吸作用减弱，导致植物根部呼吸作用的能量减少。而土壤中的矿质元素多以离子形式存在，吸收时多以主动运输方式，要消耗细胞代谢产生的能量。呼吸减弱、能量供应不足，导致植物对矿质元素的吸收受阻，不利于植物生长。并且，土壤板结不利于土壤中离子物质的扩散，导致施肥后土壤中的元素分布不均匀，同样不利于植物对矿质元素的吸收。

2. 设施菜地土壤板结发生的原因

（1）**新建温室取土筑墙** 新建温室由于建造中取土筑墙，富含有机质的表土被取走，留下耕作的土壤为原来的生土层，又经过推土机等机械碾压，致使土壤结构被破坏，理化性状改变，养分流失，肥力减弱引起板结。

（2）**施肥不合理** 土壤有机质的含量是土壤团粒结构和肥力的一个重要指标，同时土壤有机质是土壤团粒结构的重要组成部分，因而，土壤有机质含量的降低会致使土壤板结。设施菜地优质农家肥投入不足，秸秆还田量少，长期单一偏施化肥，腐殖质不能得到及时补充；另外，设施菜地特殊的环境条件，如高温高湿使土壤有机质矿化作用增强，土壤有机质含量不高，土壤结构受到破坏，从而使土壤变得板结。

过量施用氮素化肥会使土壤有机质递减。过量的氮素投入，使土壤碳氮比下降。土壤微生物的生长需要一定的碳氮比，特别是微生物对碳素的需求主要来源于土壤有机质，当土壤碳氮比下降后，微生物对碳素的需要相对于氮素来说较为缺乏，需要从土壤有机质中取得碳素养料，从而使土壤有机质分解，含量递减。

（3）**土壤酸化而板结** 盐基离子特别是钙离子是形成土壤结构的主要盐基成分，土壤酸化盐基离子如钙、镁、钾等离子淋失，造成土壤结构解体而板结。

（4）**土壤本身质地黏重导致板结** 土质本身也是土壤板结的重要原因，农田土壤质地太黏，耕作层浅，黏土中的黏粒含量较多，土壤中毛细管孔隙较少，通气、透水、增温性较差，灌溉后黏粒容易堵塞孔隙，造成土壤板结。

（5）**耕作不当引起土壤板结**　镇压及机械耕作不合理，机械压板，导致上层土壤团粒结构被破坏，加上没有及时松土，造成板结。大水漫灌由于冲刷大，对土壤结构破坏最为明显，也易造成土壤板结。

四、设施菜地土壤养分障碍问题

设施蔬菜生产中有机肥和化肥的过量投入是土壤养分过量积累和盐渍化、酸化的主要原因。由于设施栽培大多在冬春反季节进行，低温条件抑制了蔬菜根系对养分的吸收，加上大多数设施作物的根系分布较浅，需要更多的肥料才能保持正常生长。为了取得较高的经济效益，蔬菜作物经常连续种植，导致作物根系发育不良、养分吸收能力很低。因此，蔬菜根系发育弱和过量的养分投入之间形成了恶性循环，大量的肥料极易造成盐分在表层聚集，土壤出现次生盐渍化现象，而且长期大量施用氮肥，同时会导致土壤酸化和土壤养分不平衡。

1. 土壤氮、磷、钾比例失调

菜农在用肥中偏施氮肥的情况十分普遍。温室氮肥的超量施用，不仅造成土壤氮、磷、钾比例失调，而且还导致蔬菜体内的硝态氮含量增加。据调查，很多地区设施菜地土壤氮、磷、钾含量高于大田或露地蔬菜。特别是随设施栽培年限的增加，磷的累积量逐渐增多。个别地方因钾肥投入不多，导致土壤速效钾含量相对于氮、磷低，比例失调。

设施菜地氮肥过量投入是导致土壤酸化的主因之一。土壤酸化会加速土壤盐基离子的淋失，从而导致土壤养分库的损耗，造成土壤养分贫瘠并降低作物产品品质；同时也可能造成土壤结构的破坏，并由此降低对土壤有机质的物理保护作用，使其分解加快，并增加了养分有效性和移动性，但由于有效态养分增加的比例不当，易引起养分间的不平衡。

2. 钙、镁及微量元素不足

蔬菜吸收钙、镁及硼等元素较多，但菜农对此常常认识不足，致使温室蔬菜钙、镁及多种微量元素缺乏，生理性病害十分普遍。如缺钙引起番茄、甜椒脐腐病,大白菜干烧心病,甘蓝心腐病等。

设施蔬菜作物大多为吸收微量元素较多的作物,有的作物吸收微量元素数量要超过大田作物的几倍至几十倍。如果在设施菜地单一连作种植,大量地施用氮、磷、钾肥料,忽略微肥的施用,土壤中微量元素得不到及时补充,土壤中的锌、硼、钼、铁、钙、镁等元素含量逐渐减少,阻碍了作物体内物质的合成与分解等生理代谢活动,严重时可引发各种生理性病害(如坐果率低、花而不实、叶片失绿等)。

根据土壤养分状况、肥料种类及蔬菜需肥规律,确定合理的施肥量或施肥方式,做到配方施肥,原则上以施用有机肥为主,合理配施氮、磷、钾肥,化肥作基肥要深施并与有机肥混合,作追肥要"少量多次",并避免长期施用种类及养分单一的化肥,尤其是含氮肥料。及时补充中、微量元素:要注重硼、钙等保护地作物吸收量大、易造成缺乏的中微量元素的施用和补充,但同时慎施微量元素肥料。单施微肥容易过量,造成毒害且难矫治,因此,一般要用有机肥来提供微量元素，如必须单独施用微量元素肥料，一定注意不要超量。

五、设施菜地土壤连作障碍问题

作物连作是不得已而为之的生产方式，它会劣化土壤而导致作物生长发育障碍。在土地复种指数高、作物连作严重条件下，作物连作障碍已成为农业可持续发展的重大问题之一。

作物连作障碍是指同一作物或近缘作物连作以后，即使在正常栽培管理的情况下，也会产生产量降低、品质变劣、生育状况变差的现象。

蔬菜连作不仅影响蔬菜的产量，也造成了土壤某种元素缺乏、板结等一系列问题。

1. 设施菜地土壤连作障碍的特点及成因

（1）**蔬菜的自毒现象** 植物的化感物质是指植物体产生的所有非营养物质，能影响其他植物及其自身的生长、健康行为或群体关系的一类代谢物质，属于植物的次生代谢物质，分布于根、茎、叶、花等器官中，分子量小，但结构简单，生物活性较强。大多数蔬菜分泌物对同种或同科植物生长产生抑制作用，也就是化感自毒物质。目前已分离出的化感自毒物质有水溶性的酸、醇、酚、酚酸及其衍生物，脂肪酸及萜类物质十多种。根系分泌物是最复杂最主要的化感物质，引起的自毒作用是造成温棚蔬菜连作障碍的重要因素。根系分泌物连同植物残体腐解分泌的化感物质，通过分泌、淋溶、挥发释放到环境中，逐年积累后就会产生毒害作用。化感自毒物质可以直接对同种或同科植物的生长产生抑制作用，也能通过改变根系分泌物的种类及数量间接地对同种或同科植物的生长代谢产生障碍。

设施菜地常年种植某种蔬菜会产生一些自毒物质，经过长时间的累积，影响下茬蔬菜的正常生长，严重影响蔬菜的产量，是造成蔬菜连作障碍的主要原因之一。

研究表明，造成黄瓜等蔬菜连作障碍的自毒物质主要是对羟基苯甲酸、阿魏酸、肉桂酸、苯甲酸等。自毒物质通过离子吸收、水分吸收、光合作用、蛋白质和 DNA 合成等多种途径，对蔬菜种子萌发、细胞分裂、植物生长产生巨大的影响。自毒物质能够抑制植物生长所必需的重要酶的活性，如自毒物质可以抑制根系结合 ATP 酶、根系脱氢酶、硝酸还原酶、超氧化物歧化酶等多种酶活性；自毒物质影响植物根系对水分和硝酸根、钾离子等多种营养元素的吸收；自毒物质还影响蔬菜光合作用、蛋白质和 DNA 合成等，抑制植物生长发育，如苯甲酸、肉桂酸能降低蔬菜的净光合速率、蒸腾速率、胞间二氧化碳浓度和气孔导度；自毒物质影响细胞膜透性，如苯丙烯酸、对羟基苯甲酸可以使植物叶绿体亚显微结构发生明显的改变（被膜溶解，基粒垛、基质片层减少，光合速率下降）；自毒物质干扰了生长素类物质的合成，使根、茎细胞的生长受到抑制。

（2）**土壤微生物改变，土传病害加重**　连作栽培影响着土壤及根际微生物的生长发育和繁殖，造成微生物种群多样性降低和数量的改变，病原菌数量增加，有益微生物种群密度降低，土壤微生态结构发生变化，土壤酶活性变差，土壤微生物群落对外界的抵抗力下降。

正常情况下，土壤中有益微生物种类和数量远远超过病原生物，同一蔬菜的连作，改变了微生物种群的分布，促使某些病原微生物数量急剧膨胀，有益微生物反倒被削弱，打破了原有的根际微生态平衡。随着土中病原菌的数量不断增加，代谢产物影响作物代谢逐渐强烈。随着连作年限的增长，病原微生物的种类和数量逐渐增加，细菌和有益菌的数量则逐渐减少。真菌、细菌和放线菌是土壤微生物的主要组成部分，它们可以将土壤中植物的残体降解并转化为营养物质，是土壤中养分转化循环的重要组成部分。有研究表明，土壤微生物多样性越高，土壤中病害菌的数量就越少，也就是说土壤微生物的多样性可以抑制病原菌的生长。蔬菜的连作会减少土壤中病原颉颃菌的数量，而病原菌的数量会逐渐增加，降低了土壤微生物的多样性，使蔬菜极易产生病害。随着蔬菜连作年限的增加，土壤微生物的结构由有利于蔬菜生长的细菌型微生物转向易发病的真菌型微生物，使土壤中细菌和放线菌的数量减少。

每种蔬菜几乎都有土传病害，不同蔬菜间存在着普遍的交叉感染现象，在连作的条件下，根系分泌物和植株残体腐解物配合适宜的温度，为病原物提供了丰富的营养和寄主条件。过量施肥造成的土壤盐渍化，抑制了土壤中的有益微生物，导致了病原颉颃菌的减少，助长了土壤致病菌的繁殖生长。设施栽培中大量使用农药破坏了土壤环境，破坏了土壤微生物的生态平衡，给土壤致病生物的滋生提供了空间。由于土壤中致病生物的逐年积累，一旦嗜好寄主出现，常常会形成毁灭性的灾难。如危害蔬菜的枯萎病、疫霉根腐等根腐类病害，以及对蔬菜生产已产生较大影响的根结线虫病，通过土壤、粪肥、种苗、工具等传播，一旦传入很难根除。

（3）**土壤营养物质失衡** 蔬菜的种类不同，对营养物质的需求也不相同，存在选择性吸收的现象。如果在一块土地上长期种植一种蔬菜，会因为蔬菜选择性吸收某些营养元素，导致土壤中某种物质过度消耗，这种物质若得不到及时补充就会影响蔬菜的正常生长。同样，因为蔬菜选择性吸收一种营养物质，其他物质会继续累积，使土壤中该物质含量过高，从而造成土壤中养分分布不均衡。施肥量和施肥种类也会影响蔬菜体内的养分比例，如果长期施用一种肥料或过度施肥，会影响蔬菜对养分的吸收，导致蔬菜的抗病虫害和抗逆性能力下降。连作设施蔬菜土壤缺钙会引起番茄、甜椒的脐腐病；缺钾会引起黄瓜真菌性霜霉病；缺硼会出现番茄的裂果病等。

（4）**土壤次生盐渍化及 pH 变化** 在蔬菜的种植过程中，因为许多种植户缺乏相关的种植知识，可能出现施肥不合理，或者过度施用化肥的现象，导致种植地土壤中盐量不断增加，造成土壤次生盐渍化。土壤微生物的生长易受到土壤中盐浓度的影响，微生物的生长状况与盐浓度呈反比关系。铵态氮转化为硝态氮的速度也会因为盐浓度的增加而降低，当蔬菜吸收大量的铵态氮时，其叶颜色变深、生育受阻。随着土壤中盐分的积累，土壤溶液的浓度也会增加，渗透势变大，导致蔬菜种子因吸水吸肥困难而不能正常发芽，影响其正常生长。

2. 设施菜地土壤连作障碍的危害

设施园艺作物的栽培品种较为单一，在连作情况下病虫害发生尤为严重，直接危害作物的生长发育，从而造成产量和品质下降，投入产出比升高，经济效益明显降低。连作危害又因作物生长发育时期、作物品种和连作年限不同而有差异。连作危害主要表现为作物长势缓慢、产量降低、品质下降，土壤理化性质遭到破坏，土壤酸化和盐渍化较为严重，土壤养分单一性消耗、病原菌增多、有毒物质富集等。

（1）**对设施蔬菜的影响** 主要表现在株高下降、叶片数减少、生物量下降，现蕾、开花等主要生育期均明显落后于正常蔬菜。而且在开花结果期，随着气温的升高及植株内营养物质消耗的增大，蔬菜连作生长发育状况急剧恶化，地上部分出现黄化、萎蔫及枯萎等症状。根系化感物质（分泌物和腐解物）具有自毒作用，能抑制连作蔬菜根系生长及活性，根毛大量减少，根系范围减小，影响蔬菜的养分吸收及正常生长。

（2）**土传病原菌增多** 蔬菜有许多靠土壤传播的病害，如番茄的青枯病和早疫病，瓜类蔬菜的炭疽病和枯萎病，菜豆的叶枯病，十字花科蔬菜的软腐病和根肿病等。连作条件下，蔬菜根系分泌物和植株残茬给这些病原菌提供了丰富的营养和寄主，同时长期适宜的温、湿度环境也给其提供了良好的繁殖条件，从而使病原菌数量不断增加，导致病害严重发生。

（3）**土壤害虫增加** 设施蔬菜的害虫主要有线虫、根蛆（种蝇、葱蛆）等。由于多年连作，单一的食物致使某一害虫种群大量繁殖，因而引起害虫猖獗。

（4）**设施菜地土壤中自毒物质的累积** 许多植物通过根系分泌物、分解产物和淋溶物释放一些化学物质，从而对异种或同种生物的生长产生直接或间接的有益或有害的影响，即产生化感作用。化感作用引起的根系生物活性下降、养分吸收能力降低和植物抗病性减弱，是导致病害严重发生的重要诱导因素。其中，植物通过释放化学物质抑制同种或近缘植物生长的自毒效应比较普遍。这种自毒作用在大豆、番茄、茄子、西瓜、甜瓜和黄瓜等作物上极易产生。目前已经证实酚酸类物质是造成黄瓜自毒现象的重要物质。同时由于连作条件下土壤微生物区系失衡，对自毒物质的降解等效应受到影响，造成自毒物质的大量积累，产生自毒现象。据报道，大豆、茄子等的自毒现象主要发生在种子萌发和生长的早期。

（5）**破坏设施菜地土壤肥力水平** 大田蔬菜连续种植，多年单一连作，如茬口不做调整，且有时为了谋求短期的高效益，大量施用化肥和偏施氮肥，常导致土壤的物理结构发生变化，出现土壤酸化，pH 降低至 5.6，破坏了土壤通透性和团粒结构，使土壤保水保肥能力下降。一般在设施菜地上，还会加重盐分的积聚，产生次生盐渍化现象，从而影响蔬菜生长。如 3 年单一连作，蔬菜从土壤中吸取单一养分，从而造成土壤养分供应的不均衡或短缺，土壤有效养分降低，产生连作障碍。

六、设施菜地土壤污染问题

土壤污染是外来污染物在土壤中长期累积的结果，土壤污染物包括重金属、放射性元素、氟、盐、碱、酸、有机农药、石油、有机洗涤剂、多氯联苯类、有害微生物等，它们进入土壤能影响土壤环境正常功能，影响蔬菜的可持续种植和生产，降低蔬菜产量和品质，危害人体健康。

设施菜地土壤污染类型主要有：土壤氮素含量过高、土壤重金属污染、土壤农药污染、土壤生物污染及地膜污染。从农业污染源分析，目前造成蔬菜大棚土壤污染的主要原因有以下方面。

1. 过量使用化肥

化肥是蔬菜的"粮食"，对提高蔬菜产量起着重要作用。但由于化肥中常含有许多有害物质，如重金属、氟、有毒有机化合物等，常年重复、过量使用会污染土壤。同时，频繁施用氮肥影响土壤中硝态氮的含量水平，土壤硝态氮的积累量随总施氮量的增加而增加，施用氮肥过多的土壤会使蔬菜中硝酸盐含量过高，这种累积虽对植物本身无害，但危害取食的动物和人类。

氮、钾肥料中重金属含量较低，磷肥中含有较多的重金属，复合肥的重金属一般来源于母料和加工流程。肥料中重金属含量一般是磷肥＞复合肥＞钾肥＞氮肥。

另外，长期大量使用单一品种化肥，特别是生理酸性肥料，会导致土壤酸化，土壤酸化后会导致有毒物质的释放，或使有毒物质毒性增强，对蔬菜产生不良影响。

2. 农药残留

农药在防治病虫害、提高产量方面具有重要

作用。据分析，如果不使用农药，蔬菜仅因遭受病虫危害，就将导致减产 20%～40%。但如果不按农药使用规定施用农药，势必造成农药残留对蔬菜产品和环境的污染。

农药使用后残存于蔬菜产品和环境中的微量农药原药、有毒代谢物、降解物和杂质统称为农药残留。农药残留是施药后的必然现象，但这种残留量如超过最大限量，对人畜将产生不良影响或通过食物链对生态系统中的生物造成毒害，从而造成农药残留污染。

随着拌种、浸种、喷洒和药物浇灌，农药进入土壤后会被土壤胶粒及有机物吸附，部分农药形成残留污染土壤。

3. 有机肥料未经无害化处理

将未经无害化处理的人畜粪便、城市生活垃圾及携带有病原菌的植物残体制成的有机肥料施入土壤，某些病原菌会在土壤中大量繁殖，造成土壤的生物污染，尤其是在设施内高温、高湿的小气候环境中，更适宜病原菌生长。病原体可以通过土壤进入蔬菜，使蔬菜产生病变，降低蔬菜产量和品质，进而危害人类健康。因此，设施菜地应施用腐熟的或经无害化处理的有机肥，以避免设施菜地的生物污染。

此外，设施菜地施入有机肥数量较高，畜禽粪便成为设施菜地土壤抗生素污染的主要带入途径之一。

4. 污水灌溉

利用污水灌溉是一项古老的技术，是把污水作为灌溉水源来利用。污水来源复杂，生活污水中重金属含量很少，但由于中国工矿企业污水与生活污水混合排放，从而造成污灌区温室土壤重金属汞、镉、铅、锌等含量逐年增加，即使未达到污染，重金属含量也远远超过当地土壤背景值。

使用不经无害化处理的污水或处理不彻底的污水灌溉蔬菜，会对土壤造成二次污染。研究表明，污水中的 Hg、As、Cd、Pb、Cr 等重金属，以不同的方式被土壤截留固定。污水中的病原微生物和寄生虫会造成土壤病原菌污染。

第二章
设施菜地退化土壤
修复及防控技术

第一节 设施菜地土壤次生
盐渍化防控技术

一、合理的灌溉措施

合理的灌溉措施可以调控土壤盐分含量，即以水压盐。首先，改"小水勤浇"为"大小水结合"，在保护地休闲期或整地后灌大水压盐，将表土积聚的盐分下淋以降低表土含盐量，作物生长期采取小水勤灌。其次，夏季蔬菜换茬空隙，撤膜淋雨或大水浸灌，使土壤表层盐分随雨水或浸灌大水流失或淋溶到土壤深层。

应用滴灌系统进行灌溉既可满足作物生长对水分需求，又可减少灌水量和灌溉次数，从而保证土壤团粒结构不被破坏，延缓耕作层盐渍化速度。水肥一体化技术的推广是解决问题的有效途径之一，值得提倡。

灌排结合排除盐分。近年来，部分农户采取在棚内设置排水沟，利用排水沟排水排盐，也是较好的改良措施。

灌溉时需考虑当地地下水位情况。在地下水位不同的情况下，灌溉量直接影响到耕层土壤盐分含量。地下水位较浅的地区，大水灌溉可以提高地下水水位，使得地下水随着土壤毛管作用上升，水中盐分也随之上升到土壤耕层。在地下水水位较深的地区，大水灌溉可以起到淋洗耕层盐分的作用。因此，在地下水水位浅的地方可以小水灌溉，而在地下水水位深的地方可以用大水灌溉。

二、生物措施

种植某些耐盐作物进行生物洗盐，是一种较为理想的生物除盐措施，此法尤其适合于玻璃温室。选择理想的耐盐作物及耐盐品种，作物种类不同、生理特性不同，其耐盐性强弱不一样。不同蔬菜其耐盐能力各异。综合各地报道,耐盐性强的蔬菜有花椰菜、菠菜、食用甜菜等;耐盐中等的有番茄、芦笋、莴苣、胡萝卜、洋葱、茄子;耐盐性差的有甘蓝、甜椒、黄瓜、菜豆等,而草莓的耐盐性最差。因此,在积盐较重的保护地,宜选种花椰菜、番茄、茄子等,只有当土壤盐分降至 0.2% 左右时,才可种植黄瓜、甜椒等,并注意肥水等综合管理措施。

轮作或休闲也可视为设施菜地土壤控盐的一项生物措施。蔬菜轮作或休闲一段时间也有较好的土壤次生盐渍化预防效果,设施蔬菜连续种植几年之后,种植一季粮食作物对恢复地力、减轻土壤盐渍化都有显著的效果。另外,在两季蔬菜的休闲季节可以选择种植填闲作物,如甜玉米、苏丹草、毛苕子、苋菜等。

三、实行平衡施肥

实行平衡施肥既可以保证目标产量所需的养分供给,又不至于在土壤中残留过多的盐分物质,在一定程度上可以维持土壤养分的大致平衡和肥力的基本稳定。

平衡施肥降低土壤盐分积累，避免盲目施肥的同时要注意肥料种类，因为不同肥料其致盐能力不同。一般认为，致盐能力的排列顺序为：氯化钾＞硝酸铵＞硝酸钠＞尿素＞硫酸铵＞硫酸钾。此外大力提倡根外追肥，使用长效肥料或缓效性肥料，也能避免速效性肥料短期内浓度急剧升高的弊病，对防治盐害也有一定的作用。

平衡施肥可以从"源头"上控制土壤盐渍化的加剧，减轻土壤盐渍化并不等于不施化肥，而是要科学、合理地施用。施用化肥要根据大棚土壤养分测定结果和不同作物的需肥规律，本着平衡施肥的原则，缺啥补啥，缺多少补多少，在追肥时应选择中性肥料和复合肥料，不可施入新鲜人粪尿，追肥后应及时覆土或浇小水。

基肥深施，追肥限量：用化肥作基肥时要深施，作追肥时尽量少量多次，同时注意选择好含硫含氯的肥料，最好是将化肥与有机肥混合施于地面，然后耕翻。追肥一般很难深施，故应严格控制每次使用量，可根据不同蔬菜不同的生长状况适当增加追肥次数，以满足蔬菜对养分的需求，不可一次施肥过多，否则会造成土壤溶液的浓度短期升高，影响蔬菜的生长发育。

提倡根外追肥：植物主要依靠根部吸收养分，但叶片和嫩茎也能直接从喷洒在其表面的营养溶液中吸收养分。在保护地栽培中，由于根外追肥不会给土壤造成伤害，故应大力提倡。如尿素和磷酸二氢钾，还有一些微量元素都可以作为根外追肥的肥料。

四、 施用作物秸秆

豆科作物或禾本科作物秸秆施入土壤后，在被微生物分解的过程中，能消耗土壤中的速效氮（即无机的盐分离子），从而有效地降低土壤中可溶性盐分的浓度。据报道，一吨没有腐熟的稻草可以固定 7.8 千克无机氮。通常在夏季拉秧后，每亩*施 300～500 千克秸秆，盐渍化较严重的地块可以提高到 1 000～1 500 千克。用前把秸秆切碎，均匀翻入土壤耕层，15 天后就可以定植。

---

* 亩为非法定计量单位，1 亩＝1/15 公顷，下同。——编者注

施用秸秆不仅可以减轻土壤次生盐渍化，而且还能提高土壤有机质，平衡土壤养分，增加土壤有益微生物数量并抑制病原菌活性，克服土传病害，抑制线虫，减少蔬菜病害。秸秆还田技术适合老菜田。在翻地前随基肥（粪肥）施入铡碎的秸秆（玉米、小麦、水稻），一般每亩施500～800千克，然后按照常规方法整地、栽培；冬春茬和秋冬茬果类蔬菜栽培均可进行秸秆还田。施用作物秸秆不仅能提高土壤中的有机质和各种营养物质，同时也能够改变土壤的化学性质和物理性质。

五、利用地膜等覆盖物，减少土表盐分积聚

采用覆盖地膜或作物秸秆等措施，可减轻土表水分蒸发，降低盐分上升速度，有效抑制表层盐分积累。另外，要加强中耕，及时切断土壤毛细管，避免盐分随水上移至土壤表层。

保护地蔬菜畦面覆盖透明、黑色或银灰色地膜，除原有的保温、保水、保肥和驱蚜等作用外，还有抑制土表盐渍化的效果。据童有为对盖膜与

露畦的对比测定（1989），0～5厘米土层盖膜的盐分含量为露畦的57%；25～50厘米土层为露畦的35%；而5～25厘米土层却为露畦的160%。说明盖膜后土面水分蒸发受抑，土壤层次间的盐分分布也因此起了变化。0～5厘米土层可能受地膜回笼水的影响，含盐量明显降低，而较多地积累在5～25厘米土层内，但0～50厘米整个土层内总盐量并未比露畦显著减少。因此，揭膜后盐渍的潜在威胁仍然存在，看来这只是一种治标措施。

六、深耕及客土改良措施

可通过深翻土壤，打破土壤结构，将上层全盐含量较高的表土层翻到底层，可降低土壤盐渍化程度。盐渍化土壤一般盐分累积在土壤表层，采用深耕，将深层土壤翻到土壤表层，表层盐渍化严重的土壤翻到底层，避免了作物与盐渍化土壤的接触，但是深耕后，耕作层土壤肥力可能会比较低，应考虑增加施肥量。

客土改良措施是以客土交换原土，即将已严重发生次生盐渍化的设施土壤取出，重新换入新的土壤。置换的土壤厚度一般为 5～15 厘米，根据具体情况而定。将有次生盐渍化设施菜地挖除表层土壤，选择足够优质的壤土进行客土改良，既提高了设施内土壤肥力，又有效解除了土壤盐渍化的问题。

但改土后仍要注意增施有机肥，平衡施用化学肥料，采取科学合理的灌水措施，以防土壤次生盐渍化再次发生。

总之，设施栽培土壤次生盐渍化是个普遍的技术难题，降低积累的盐分含量非常困难，使用一种措施只能一定程度地缓解和回避盐渍化的危害，只有系统地配合使用各种措施才能最大限度地减少土壤次生盐渍化带来的危害。

第二节　设施菜地酸化土壤的修复技术

一、科学合理的施肥

1. 增施有机肥，秸秆还田

大量有机物料的施入，不仅可增加设施菜地

土壤有机质的含量，提高土壤对酸化的缓冲能力，使土壤 pH 升高，而且在设施土壤中有机物料分解利用率高，可增加土壤有效养分，改善土壤结构，并能促进土壤有益微生物的发展，抑制蔬菜病害的发生。

作物收获时带走了土壤中的一些碱性物质，作物秸秆还田能补充土壤中的碱性物质，同时增加土壤有机质，增强土壤对酸碱的缓冲能力。

2. 改变施肥方式，进行合理的水肥管理

注意生理酸性肥料与生理碱性肥料的交替搭配。当土壤已酸化且必须施用酸性肥料时，可在肥料中掺生石灰来调节；当土壤酸化严重，需迅速增加 pH 时，可施加熟石灰，但用量为生石灰的 1/3～1/2，且不要在植物生长期施用。

蔬菜对氮、磷、钾的吸收比例一般为 $1:0.3:1.03$，所以应提倡使用氮、磷、钾之比为两头高中间低的复肥品种，特别注重钾的投入，大力推广有机无机复合肥，使养分协调，抑制土壤的酸化倾向。尽量减少氮、磷、钾比例相同的酸性复合肥以及含氯化肥的施用。

大量使用铵态氮肥和硝酸根离子的淋失是造成土壤酸化的重要原因。适时适量施肥浇水，不仅可以减少氮肥损失，提高氮肥利用率，减缓土壤酸化，还能避免因过量施肥造成的氮肥残留和淋失，且带状施用氮肥造成的土壤酸化作用较撒施小。

二、施用石灰等改良剂

1. 施用石灰

石灰是传统农业生产中广泛应用的、较经济、便捷的酸性土壤改良剂之一。使用石灰可以中和土壤的活性酸和潜性酸，生成氢氧化物沉淀，消除铝毒，迅速有效地提高土壤pH，改善土壤酸碱度，还能增加土壤中交换性钙的含量。

生石灰施入土壤，可中和酸性，提高土壤pH，直接改变土壤的酸化状况，并且能为蔬菜补充大量的钙。施用方法：将生石灰粉碎，能大部分通过100目筛，于播种前将生石灰和有机肥分别撒施于田块，然后通过耕耙，使生石灰和有

机肥与土壤尽可能混匀。施用量：pH 5.0～5.4
用生石灰 130 千克/亩；pH 5.5～5.9 用生石灰
65 千克/亩；pH 6.0～6.4 用生石灰 30 千克/亩
（以调节 15 厘米酸性耕层土壤计）。

2. 草木灰的施用

草木灰是植物体燃烧后残留的灰分，含有
很多碱性成分和植物生长所需的营养元素。
作为传统土壤肥料来源，草木灰来源广，生
产容易，在农业生产上一直以来都应用广泛。
但生产草木灰时，秸秆燃烧引起的环境问题
越来越为人们所重视，因而草木灰的应用也
日趋减少。

3. 施用其他土壤调理剂

土壤调理剂指加入土壤中用于改善土壤的物
理、化学和（或）生物性状的物料，用于改良土
壤结构、降低土壤盐碱危害、调节土壤酸碱度、
改善土壤水分状况或修复污染土壤等。随着人们
对酸化土壤改良重视程度的提高，其他许多化学
改良剂也逐渐应用到酸性土壤中，比如白云石、
磷石膏、粉煤灰、磷矿粉、碱渣和工业废弃物
等，这些物质都能中和土壤的酸性物质，起到改

良酸性土壤的效果。随着酸性土壤改良剂的试用和推广，改良剂由单独施用逐渐改变为配合施用，许多复合改良剂产品也被研制出来，最终起到更好的改良效果。

土壤调理剂种类很多，其中白云石和碱渣是两种重要的酸性土壤调理剂。白云石是一种碳酸盐矿物，含有大量的钙镁元素。研究表明，白云石粉处理旱地棕红壤时间越长，土壤潜性酸下降越明显；白云石加入土壤中 90 天后，土壤潜性酸含量基本稳定，且不同量白云石与有机肥配施能有效降低土壤中潜性酸含量。碱渣是制碱厂的废弃物，偏碱性，pH 9～12，主要成分是钙盐和氢氧化镁 ［Mg（OH）$_2$］ 等，富含钙、镁、硅、钾等作物生长有益元素。据盆栽试验发现，每 15 千克土施用 10 克的碱渣处理，能使土壤 pH 提高 1.72，并能有效降低土壤中交换性铝的含量，土壤中交换性钙、镁、速效氮、有效磷和速效钾均不同程度提高。

尽管上述改良剂有一定的改良效果，且廉价、便捷，但这些工业副产品中大多含有一定量有毒重金属，如磷石膏中含有少量的铅、镉、砷、铬等有毒重金属，粉煤灰中也含有少量的铅、镉、砷、铬等，特别是镉、铜、铅可以滤出，可能造成土壤、水体与生物污染。不同改良剂重金属含量也有差异，虽然有的尚未达到危害的程度，但长期施用会导致污染环境的风险增加。

三、其他措施

1. 种植耐酸的蔬菜品种

不同品种的蔬菜对酸的敏感程度不同。在 pH 3.5 的强酸性环境里，对酸敏感蔬菜如番茄、芹菜、豇豆和黄瓜产量可下降 20%；中等敏感性的生菜、四季豆和辣椒产量下降 10%～20%；抗酸性较强的青椒、甘蓝、小白菜、菠菜和胡萝卜产量也会下降 10%。

2. 施用食用菌生产废料平菇等

食用菌生产中石灰是必用的杀菌剂和 pH 调节剂，生产结束后，可将棉籽壳等废料施于酸性菜田，既可调节土壤 pH，又可增加土壤有机质和养分。

3. 施用生物质炭

生物质炭是作物秸秆等有机物在缺氧条件下，在低于 700 ℃下裂解的固体产物。经高温裂解后，生物质芳香化程度加深，孔隙率和比表面积增大，且在表面产生一定数量的碱性基团。施用生物质炭能降低土壤容重，增加土壤阳离子交换量，提高作物对氮素的吸收利用。因此，生物质炭也成为改善土壤酸化状况，提高土壤盐基饱和度，改善土壤理化状况，增加土壤保肥能力的重要物质。赵牧秋等利用 4 种生物质炭原材料在 300～600 ℃条件下处理不同时间制备生物质炭时发现，不同制炭条件下制备的生物质炭均呈碱性，且热解时间越长，原材料颗粒越小，热解温度越高，生物质炭碱性基团含量呈增加趋势。添加生物质炭显著提高了酸性土壤 pH，且酸性土壤改良能力随生物质炭碱性基团的增加而提高。

研究发现，生物质炭可有效吸附铵盐、硝酸盐、磷及其他水溶性盐离子。研究还表明，施加生物质炭不仅能够增加土壤钙、镁、有效磷和速效钾的含量，还能提高土壤中的有机碳、胡敏酸和富里酸含量。

第三节 设施菜地土壤板结防控技术

一、土壤板结及其成因

土壤板结是由于土壤表层缺乏有机质，结构不良，在灌水或者降雨等外因作用下造成土壤结构破坏、土粒分散，分散的土粒随水移动并填充土壤大孔隙，使土体内大孔隙减少，小孔隙增多，待土壤干燥后受内聚力作用使土面变硬，土壤的通气、透水性变差，出现不适合农作物生长的现象。

土壤板结的形成有其自身的内因和耕作管理不当的外因两大方面因素。

1. 土壤板结与土壤本身的物质组成及性质有关

农田土壤质地太黏、耕作层浅导致土壤板结。黏土中的黏粒含量较多，加之耕作层平均不到 20 厘米，土壤中毛细管孔隙较少，通气、透水、增温性较差，下雨或灌水以后，容易堵塞孔隙，造成土壤表层结皮。

有机肥施入严重不足，秸秆还田量减少，土壤有机质含量少，导致土壤板结。长期单一偏施化肥，农家肥严重不足，重氮轻磷、钾肥，土壤中有机物质补充不足，土壤有机质含量偏低，腐殖质不能得到及时地补充，土壤团粒结构减少或不能形成，土壤整体结构性变差，导致土壤板结和龟裂。

2. 土壤板结与耕作管理不当有关

镇压、翻耕等农耕措施不当导致上层土壤结构破坏，土壤板结。如常年用重型机械作业，导致土壤压板；机械耕翻深度浅引起的耕层变浅也导致土壤板结。

覆盖地膜残留过多导致土壤板结。地膜和塑料袋等没有清理干净，在土壤中无法完全被分解，形成有害的块状物，造成土壤板结。

大水漫灌导致土壤板结。大水漫灌会使土壤胶体颗粒随水向下移动填充土壤通气孔隙，土壤颗粒排列紧密，土壤变得紧实而板结。此外，大水漫灌会使土壤中的盐基离子淋溶损失，破坏土壤团粒结构，土壤结构性变差造成板结。

氮肥过量施入：微生物的氮素供应增加1份，相应消耗的碳素就增加25份，所消耗的碳素来源于土壤有机质，有机质含量低，影响微生物的活性，从而影响土壤团粒结构的形成，导致土壤板结。

磷肥过量施入：磷肥中的磷酸根离子与土壤中钙、镁等阳离子结合形成难溶性磷酸盐，既浪费磷肥，又破坏了土壤团粒结构，导致土壤板结。

钾肥过量施入：钾肥中的钾离子置换性特别强，能将形成土壤团粒结构的多价阳离子置换出来，而一价的钾离子不具有键桥作用，土壤团粒结构的键桥被破坏了，也就破坏了团粒结构，导致土壤板结。

二、土壤板结的防控技术

1. 科学合理施肥

（1）增施有机肥可改善土壤结构，增强土壤保肥、透气、调温的性能，还可提高土壤有机质含量，增强土壤蓄肥性能和对酸碱的缓冲能力，防止土壤板结。土壤有机质含量高，团粒结构数量增多，增加土壤孔隙度，协调土壤中的水肥气热，为土壤微生物活动创造良好环境，改善土壤理化性状，耕性也得到改善。

（2）根据土壤养分状况、肥料种类及蔬菜需肥特性，确定合理的施肥量或施肥方式，做到配方施肥。采用有机肥与无机肥结合，增施有机肥，合理施用化肥，补施微量元素肥料，这样化肥施入土壤不仅不会造成土壤板结，而且会增加土壤有机质含量，改善土壤结构，在增加肥力的同时增加透水透气性，进一步提高土壤质量。腐熟的有机肥养分齐全，可以改善土壤的理化性质，具有增强地力、改良土壤的作用，有益于蔬菜的生产。以施用有机肥为主，合理配施氮、磷、钾肥，化学肥料作基肥时要深施并与有机肥混合，作追肥要"少量多次"，并避免长期施用同一种肥料，特别是含氮肥料。

（3）注意生理酸性肥料与生理碱性肥料的交替搭配。当土壤已经酸化或必须施用酸性肥料时，可在肥料中掺入生石灰来调节；当土壤酸化严重需要迅速增加 pH 时，可施加熟石灰，用量应为生石灰的 1/3～1/2，但不可对正在生长蔬菜作物的土壤施用。

（4）施肥采取随水冲施、根外施肥，尽量不破坏土壤耕作层。

2. 适当休闲

种植多年以后，可以把握季节，适当休闲土地，自然恢复地力。如保护菜地可利用夏季休闲时进行深翻晒土，消灭病虫源，恢复地力，破除板结。

3. 有计划地轮茬换作

轮茬换作能避免长期单种一种作物，使土壤的某些养分被吸收过多造成缺乏，合理安排不同蔬菜品种，并尽量考虑不同科属蔬菜，针对蔬菜的根系深浅、品种间的吸肥特点等选择轮作品种。采取轮作方式既可以让蔬菜将土壤中不同部位的养分吸收，又可以通过换茬的方式减轻土壤的板结，有利于提高蔬菜的产量和品质。种植耐盐性蔬菜：若土壤有积盐现象或酸性强，可种植耐盐性强的蔬菜如菠菜、芹菜、茄子等或耐酸性较强的油菜、空心菜、芋头等，达到吸收土壤盐分的目的。

4. 适度深耕及时中耕

当耕作深度大于 30 厘米时，可打破犁底层，加厚土层厚度，改善耕层构造，可以将一定深度的紧实土层变为疏松细碎的耕层，从而增加土壤孔隙度，促进土壤中潜在养分转化为有效养分和促使作物根系的伸展。蔬菜作物定植后及时中耕，疏松土壤，增强土壤透气性，防止板结。

5. 清理农田

废旧塑料进入土壤后，由于其很难降解，不仅造成长期的、深层次的土壤环境问题，还影响到蔬菜吸收养分和水分，导致蔬菜减产和品质下降。所以，待蔬菜收获后要及时彻底清除地块中的地膜、营养钵等塑料制品，最大限度降低污染。

第四节　设施菜地土壤连作障碍综合防控技术

解决大棚蔬菜连作障碍目前在生产上缺乏行之有效的"灵丹妙药"，生产上应根据不同情况采取不同对策。设施土壤连作障碍的产生涉及作物、土壤、环境等生物的、非生物的诸多复杂因素，加上各因素间相互影响，使得这一问题更加复杂，任何单一的措施都很难达到理想效果。因此，协调植物、土壤、微生物及其环境的关系是解决问题的关键，而解决或减轻大棚蔬菜连作障碍问题，应以防为主，多措并举，综合防控。

一、合理轮作

对于大多数的设施菜地，轮作是消除蔬菜连作障碍最有效的方法。轮作是目前应用比较广泛且效果明显、简单易行的一种解决设施土壤连作障碍的方法。

一方面，轮作能使寄主专一性的病原菌得不到正常的生长和繁殖，从而减少致病菌的数量。如茄果类、瓜类、豆类等深根性作物可与白菜类、绿叶菜类、葱蒜类等浅根性作物进行轮作，使病菌失去寄主或改变生活环境，达到减轻或消灭病虫害的目的。大蒜与瓜类轮作可显著减轻连作造成的瓜类枯萎病害。

目前已知十字花科蔬菜残体分解过程中会产

生含硫化合物，可以减轻下茬的根部病害；大多数葱蒜类的根系分泌物对细菌和真菌具有强烈的抑制作用，可以被用做前茬和间作；万寿菊对根结线虫有抑制作用，采用压绿与主茬作物间作，可以较好地控制根结线虫病。

另一方面，轮作还可以调节地力，提高肥效，改善土壤结构及其理化性能，解决根系分泌物及自毒问题，提高单位面积产量和品质。如小白菜、香菜等叶菜类蔬菜需氮肥较多，番茄、辣椒等茄果类蔬菜需磷肥较多，马铃薯、红薯等根茎类蔬菜需钾肥较多，如果将它们轮流栽培，就可以充分利用土壤中的各种养分。对于次生盐渍化发生较为严重的冬春茬大棚，在 6～8 月的休耕期，种一茬玉米（作青贮饲料或绿肥）收效显著。

二、土壤综合治理

1. 土壤改良

（1）改土或客土 设施蔬菜种植前或采收后换茬前，对于连作障碍较为严重的地块，可采用大田优质肥沃土壤来更换蔬菜大棚中地表 30～40 厘米土层，从而达到改良蔬菜大棚土壤的目的。

(2) 调整土壤的酸碱度 使种植地块中的土壤酸碱度逐步达到或接近多数蔬菜所适宜的中性或偏酸性的范围。对于 pH≤5.5 的土壤，每亩可用生石灰 50～100 千克中和土壤酸性，同时注意控制氮肥用量；对于 pH 在 5.5～6.0 的土壤，可增施碱性肥料，如草木灰、钙镁磷肥等中和部分酸性，适当提高土壤 pH；对于少数 pH>7.5 的碱性土壤，可适量施用酸性肥料，如硫酸铵、硝酸铵、氯化铵、过磷酸钙等，使它接近或达到蔬菜生长所适宜的 pH 范围。

2. 土壤消毒

土壤消毒及改良是一种高效、快速杀灭土壤中病原菌及地下害虫的实用技术，能够很好地解决高附加值作物在设施园艺栽培中连作障碍的问题。土壤消毒主要包括物理、化学和生物三大方面。蒸汽消毒和土壤日晒可有效地控制土传病原微生物；生石灰对防治地下害虫线虫和土传病害具有一定的作用；高温闷棚技术的应用，可有效灭除致病微生物及部分地下害虫，获得局部良好的生态防治效果。利用硫黄熏蒸、福尔马林拌土、二氯丙烯灭菌等进行土壤化学消毒，可有效缓解连作障碍，但盲目使用可能会削弱土壤生物转化能力与养分协调供应能力，甚至会破坏微生态平衡，具有潜在的生态风险。另外，可以借助生物技术手段，引入或激活颉颃细菌，或通过增加有机物等提高原有颉颃细菌活性，抑制病原菌活动，减轻病害发生。

（1）**化学药剂消毒** 目前使用最多的化学药剂是氰氨化钙，即石灰氮，俗称乌肥或黑肥。氰氨化钙遇水分解后生成气态的单氰胺和液态的双氰胺都对土壤中的真菌、细菌等有害生物具有广谱性的杀灭作用，可防治多种土传病害及地下害虫，并且对一直困扰设施农业生产的根结线虫也有一定的防治效果。氰氨化钙分解的中间产物除生石灰外，单氰胺和双氰胺最终都进一步生成尿素，具有无残留、不污染环境等优点。氰氨化钙消毒技术的突出作用是能促进有机物腐熟，改良土壤结构，调节土壤酸性，消除土壤板结，增加土壤透气性，减轻病虫草的危害，降低蔬菜中亚硝酸盐的含量等。消毒的方法：前茬蔬菜拔秧前5～7天浇一遍水，待土壤不黏时拔秧，拔秧后立即将30～60千克/亩（60～80千克/亩可防治根结线虫）的氰氨化钙均匀撒施在土壤表层，深翻，使氰氨化钙与土壤表层10厘米混合均匀，再浇水，覆盖地膜，高温闷棚7～15天，然后揭去地膜，放风7～10天。定植前可用生菜籽检验是否能正常出苗，若能出苗则即可定植。

棉隆是一种高效、低毒、无残留的新型综合土壤消毒剂，具有广谱性土壤熏蒸消毒剂作用，能有效灭杀土壤中各种线虫、病原菌、害虫及杂草种子，从而达到清洁土壤的效果。特别适用于常年连茬种植的土壤消毒。棉隆的使用范围广泛，可用于苗床、温室、大田等土壤消毒处理，效果持久，而且在土壤中无残留，是一种理想的土壤熏蒸消毒剂。适用于无公害草莓、蔬菜、花卉等经济作物。其主要技术：上茬收获后清园翻地进行洗盐，施入有机肥，保持田间含水量60%～70%，施入25～40克/米² 棉隆并均匀撒于土壤表面，耕翻20～30厘米深度，浇水后产生有毒气体，立即用塑料膜覆盖，全园四周压

实，闷 10～15 天后揭膜放风 5～7 天，期间松土
1～2 次即可生产。棉隆消毒效果持续时间长，
不仅能保证当茬作物有效，对后续几茬作物均有
不同程度的增产效果，特别适合连作土壤。活性
成分完全分解无残留，其降解的最终产物为氮素。

（2）**太阳能消毒** 即高温闷棚，用薄膜覆盖
密闭棚室，利用夏季棚内的高温来杀死土壤中的
病菌和虫卵。具体做法：选择晴天的上午，向大
棚土壤中浇水，然后将棚室密闭 15～20 天，利
用夏季棚室密闭后棚内的高温（最高 70 ℃以上）
杀死土壤中的大部分病菌和虫卵。

（3）**土壤熏蒸消毒灭菌处理** 选用已在蔬菜
上登记的、经试验证明有较好防效的正规厂家或
公司的产品。用化学药剂（如棉隆、溴甲烷、威
百亩等）对保护地土壤进行熏蒸，可有效杀灭土
壤中的真菌、细菌、土传病害、昆虫、螨类和线
虫等，减轻病虫害的发生，提高产量。具体操作
方法可参照各产品说明进行。但要注意土壤熏蒸
处理对土壤微生物区系影响较大，可能会对土壤
养分转化吸收、酶活性有一定的影响，土壤熏蒸
处理后要增施微生物肥，以利于建立良好的土壤

微生态区系。

(4) 冬季冻棚 当冬季外界气温较低时，就可以采用冻棚的方式。将日光温室内的土壤深翻后，揭去棚膜，利用外界的低温，使室内的病菌不能正常发育，最终导致其死亡。

3. 土壤综合治理

土壤物理化学结构的变化、土壤养分失调、土壤通气性的丧失以及土壤盐渍化、酸化是产生土壤连作障碍的主要原因，常常引起蔬菜根系发育不良。土壤管理目的是使土壤生态始终有利于作物根系的发育，从土壤生态环境统筹土壤中的水、气、微生物及土壤养分平衡出发。一要增施有机肥。改善土壤微生态环境，提高有机质含量，增加通透性，扩大有益微生物群体，增加土壤养分缓冲能力。二要合理平衡施肥。化肥用量过大是土壤盐渍化、酸化的直接原因，以产定肥平衡施肥，氮、磷、钾、微肥配施是解决土壤盐渍化、酸化、养分不平衡的重要措施。三要搞好土壤所在环境的管理。减少土壤浇水次数，加大棚内通风量，提高土壤透性，改善土壤生态，提高土壤活力，减轻土壤连作障碍。

三、 植物残茬病茬及时安全处理

为防止残茬带菌和侵染病株的蔓延，生产上应及时清除受侵染的病株和残茬，并对病穴进行消毒处理等来预防病虫害的发生。集中烧毁或深埋中心病株、作物病残体及周围杂草，防止病害蔓延。

例如枯萎病发病越重的黄瓜残茬，其腐解物对促进黄瓜枯萎病病菌孢子的萌发作用越强。枯萎病黄瓜残茬腐解物与健康黄瓜残茬腐解物相比，病菌孢子的产生量显著增加。所以，应将设施蔬菜残茬和病茬及时安全地处理掉。

四、 秸秆生物反应堆技术

秸秆生物反应堆技术是指在日光温室或大棚等设施蔬菜等作物生产过程中，利用微生物（专用菌剂）分解农作物的秸秆（如小麦、玉米秸秆等），从而产生蔬菜等作物生长所需的热量、二氧化碳、无机和有机营养物质的一种技术。采用秸秆生物反应堆不仅对棚室内土传病虫害有一定的抑制和致死作用，还能改善土壤结构、提高地温、增加棚内二氧化碳浓度，从而达到治理连作障碍、提高蔬菜产量及品质的作用。

该技术操作应用主要有三种方式：内置式、外置式和内外结合式三种。行下内置式，秋、冬、春三季均可使用，高海拔、高纬度、干旱、寒冷和无霜期短的地区尤宜采用。行间内置式，高温季节、定植前无秸秆的区域宜采用。行下内置式，每亩用秸秆 3 000～4 000 千克、菌种 8～10 千克、麦麸 160～200 千克、饼肥 80～100 千克。行间内置式，每亩用秸秆 2 500～3 000 千克、菌种 7～8 千克、麦麸 140～160 千克、饼肥 70～80 千克。使用前一天或当天，必须预处理菌种。1 千克菌种掺 20 千克麦麸、10 千克饼肥，加水 35～40 千克，混合拌匀，堆积发酵 4～24 小时就可使用。

以行下内置式为例，操作程序依次为：开沟、铺秸秆、撒菌种、拍振、覆土、浇水、整垄、打孔和定植。

① 开沟。宜采用大小行种植。大行（人行

道）宽100～120厘米，小行（栽植行）宽60～
80厘米，在小行位置开沟，沟宽60厘米或80
厘米，沟深20～25厘米，开沟长度与行长相等，
开挖出的土壤按等量分放沟两边。

②铺秸秆。开沟后，在沟内铺放秸秆（玉
米秸、麦秸、稻草等）。一般底部铺放整秸秆
（玉米秸、高粱秸、棉花秆等），上部放碎软秸秆
（例如，麦秸、稻草、玉米皮、树叶以及食用菌
下脚料等）。铺平踏实后，厚度25～30厘米，沟
两头露出10厘米秸秆茬，以便进氧气。

③撒菌种。每沟用处理后的菌种6千克，
均匀撒在秸秆上，并用铁锹轻拍一遍，使菌种与
秸秆均匀接触。

④覆土。将沟两侧的土回填于秸秆上，覆
土厚度20～25厘米，形成种植垄，并将垄面整
平。有条件的最好铺设滴灌管或做好膜下暗灌
水沟。

⑤浇水。浇水以湿透秸秆为宜，3～4天后
将垄面找平，秸秆上土层厚度保持20厘米左右。

⑥打孔。在垄上用12♯钢筋（一般长80～
100厘米，并在顶端焊接一个把，呈T形）打3

行孔，行距 25～30 厘米，孔距 20 厘米，孔深以穿透秸秆层为准，以利进氧气发酵，促进秸秆转化，等待定植。

⑦ 定植。一般不浇大水，只浇小水。定植后高温期 3 天、低温期 5～6 天浇 1 次透水。待能进地时抓紧打一遍孔，以后打孔要与前次错位，生长期内每月打孔 1～2 次。

五、生物防治

土壤中有益微生物的大量繁殖不仅可以缓解蔬菜连作障碍中的自毒作用，也可以预防土传病害的发生。微生物菌肥的使用，可以促进蔬菜根际中有益微生物的大量繁殖，使有益微生物与有害微生物之间形成竞争关系，从而抑制有害菌的生长繁殖。因为蔬菜的种类不同，其产生的有害菌也不相同，所以应该根据连作蔬菜的种类以及土壤的具体情况，引用相应的竞争微生物。生物有机肥的施用也可以提高原有颉颃微生物的活性，降低土壤中病原菌的数量，抑制病原菌的活动，减轻病害发生。如通过增施蚓粪等生物有机肥或接种有益微生物等，增加土壤中有益微生物数量，以竞争营养和空间等途径抑制其他有害菌的繁殖。

近年来，生物修复以成本低、环境影响小、可就地修复等优点被广泛应用。土壤生态改良剂黄绿木霉 T1010 是目前应用最多的连作棚室土壤生物修复制剂。黄绿木霉 T1010 可促进作物对氮、磷、钾和微量元素的吸收，提高肥料利用率；改善土壤结构，促进土壤有益微生物群落的建立和保持；诱导植物产生抗病性；缓解土壤重金属污染，对环境生态进行生物修复。如把黄绿木霉 T1010 于蔬菜定植前 2 周按 15 千克/亩施入耕作层，对棚室蔬菜耕作层土壤全氮、速效钾、有效磷起到了一定的缓冲作用，土壤硝态氮含量显著降低，蔬菜作物侧根数提高 36.09%，增产 22.1%，对养分不平衡、酸化等棚室土壤不良生态环境的改良效果显著。同时，还能有效控制土传病害的发生。

六、嫁接育苗

以抗病性强的蔬菜种类或品种作砧木，以种

植品种作接穗，进行嫁接育苗，从而提高植株的抗病性。例如：黄瓜用云南黑籽南瓜作砧木嫁接育苗可防治枯萎病、疫病、根结线虫；番茄用野生番茄作砧木嫁接育苗可以防治根腐病、青枯病；西瓜和甜瓜用黑籽南瓜、日本白籽南瓜或葫芦作砧木嫁接育苗可防治枯萎病；茄子用托鲁巴姆作砧木嫁接育苗可防治黄萎病、枯萎病。而且嫁接后植株的根系会比自根苗发达，吸收养分的能力随之增加，可达到增产效果。如番茄嫁接后增产20%～120.9%，黄瓜嫁接后增产21%～46.8%。

七、科学合理施肥

化肥的不合理施用会使土壤的结构变差，而有机肥的施用不仅能增加土壤的有机质及微量元素的含量，还能改善土壤结构，增加保肥、保水、供肥、透气、调温等功能。因此，应在增施完全腐熟的有机肥基础上，科学合理施用化肥，有机氮肥和无机氮肥之比不应低于1：1。注意避免施用未腐熟有机肥。增施有机肥可以增加土壤有机质和氮、磷、钾及微量元素含量，提高土壤肥力和土壤蓄肥性能，改善土壤结构；最好采用测土配方施肥，根据各种蔬菜作物需肥规律及土壤供肥能力，确定肥料种类及数量，促进蔬菜健壮生长。可在一定程度上减轻连作障碍。

八、无土栽培技术

无土栽培不用土壤，它完全采用人工基质或纯粹的营养液进行植物生产，可以避免温室蔬菜栽培中的连作障碍和土传病害等问题，所以无土栽培是解决设施土壤连作障碍最彻底的方法。有条件的地方或连作障碍严重的"老菜区"，可采用基质栽培，即无土栽培技术，进行设施蔬菜生产。基质栽培不用土壤，可以避免由其带来的诸多不利因素，较好地解决连作障碍问题。无土栽培主要形式包括有基质滴灌栽培、营养液膜栽培和深液流栽培等。其中，基质栽培正向着低成本、易管理、环保型复合有机基质的方向发展，对有机废弃物的再利用将成为未来的主要发展方向。值得一提的是中国农业科学院蔬菜花卉研究所研制开发的"有机生态型无土栽培"技术。该项技术的独特之处是用有机固态肥取代传统的营养液，平时管理时只浇清水。有机固态肥以高温消毒鸡粪为主，并适量添加其他种类的有机肥或无机肥，以保持养分平衡。其主要采用基质槽栽的形式，使用的基质类型很多，如草炭、珍珠岩、炭化稻壳、棉籽壳、树皮、锯末、玉米秆、砂、砾石、陶粒、炉渣、蘑菇渣等，生产者可根据当地的具体情况，选择适合本地区的基质。该技术除了具备一般无土栽培的优点外，还具有一次性运转成本低、操作管理简单、排出液对环境无污染、产品品质好等特点，因而非常适合我国的国情，也便于向农民推广应用。

第五节　水肥一体化技术

水肥一体化技术可实现水分和肥料养分均匀、准确、适时地供给作物生长的需求，协调土壤肥力要素，既可使土壤肥力得到充分发挥，又可实现作物的高产优质；同时可防控因施肥过量导致的土壤养分不均衡和土壤次生盐渍化、土壤酸化、土壤板结等土壤退化。因此，水肥一体化是防控设施菜地土壤退化的有效措施之一。

广义的水肥一体化是指根据作物需求，对农田水分和养分进行综合调控和一体化管理，以水促肥、以肥调水，实现水肥耦合，全面提升农田水肥利用效率。换言之，水肥一体化就是将肥料借助于灌溉水带入农田的灌溉和施肥相结合的一种肥水管理模式。所以，广义的水肥一体化包括把肥料溶于灌溉水进行沟灌、大水漫灌、滴灌、喷灌等的施肥灌水模式。

狭义的水肥一体化是指灌溉施肥，是将灌溉与施肥融为一体，借助压力灌溉系统，将可溶性固体肥料或液体肥料配兑而成的肥液与灌溉水一起，均匀、准确地输送到作物根部土壤，适时适量地满足作物对水分和养分的需求。水肥一体化技术能大幅度节省水、肥、劳力，且作物高产、优质，是一种现代化的农业综合技术措施。

一、水肥一体化技术优点

1. 节水省肥，均衡吸收

水肥一体化技术，直接把作物所需要的肥料

随水均匀输送到植株根部，作物可以"细酌慢饮"，按需汲取，保证了根系快速、及时吸收养分。传统浇水和追肥方式养分供应不均匀，而采用水肥一体化方式，可以根据作物需水需肥规律及时准确供给，可以人为轻松控制，做到按需均匀施肥，含养分的水滴缓慢渗入土壤，延长了作物吸收水肥时间；而当作物根部土壤水分饱和后可立即停止灌水，从而可以大大减少由于过量灌溉导致养分向深层土壤渗漏的损失，特别是硝态氮和尿素的淋失。同时，由于水肥一体化利用的灌水系统流量小，相应地延长了作物吸收养分的时间，湿润范围仅限于根系集中的区域，水肥溶液最大限度地均匀分布，可减少50％肥料用量，水量也只有沟灌的35％左右，大幅度地提高了肥料利用率，明显节省了水和肥。

2. 省时省工，节本增效

传统的沟灌施肥费工费时，而使用滴灌，只需打开阀门，合上电闸，省时省力。由于滴管埋在土壤中，因此表土干燥，不易滋生杂草。水肥一体化技术能够减少水分的深层渗漏和蒸发，从而减少用水量，提高灌溉水的利用效率；同时实现了平衡施肥和集中作物根区施肥,减少了肥料挥发和流失,以及养分过剩造成的损失,肥料利用率高。具有施肥简便、供肥及时、作物易于吸收、增产增效等优点。

3. 改善土壤,有效防止土壤板结

传统耕作施肥和灌溉是分开进行的,肥料施入土壤后,由于没有及时灌水或灌水量不足,肥料存于土壤中,并没有完全被根系吸收。常规灌溉由于水流重力、冲击力,频繁的田间作业,以及水分过多造成微生物特别是好氧性微生物减少等原因,往往造成土壤板结,影响蔬菜生长。水肥一体化技术将灌溉与施肥融为一体,集中有效施肥,减少了肥料随水流失、挥发、被土壤固定等损失。

滴灌灌水均匀度在90%以上,注入水分少,土壤疏松,容重小,孔隙适中,比采用沟灌土壤总孔隙度提高4.7%。土温较高,利于增强土壤微生物活性,促进土壤养分转化和作物对养分的吸收。

采用水肥一体化技术,除了有利于改善土壤物理性质,克服了因灌溉造成的土壤板结、土壤

容重降低、孔隙度增加等不良影响外,还可以减少肥料、土壤养分淋失对地下水、地表水的污染,减少施肥过量造成的土壤次生盐渍化现象。

4. 控温控湿,减轻病害

传统沟灌会造成土壤板结、通透性差,作物根系处于缺氧状态,易出现沤根现象,而使用滴灌则避免了因浇水过多而引起植株沤根、黄叶等问题。由于蔬菜很多病害是土传病害,随流水传播(如辣椒疫病等),采用滴灌可以有效控制田间湿度从而直接有效控制了土传病害的发生,还能降低棚内湿度,减轻其他病害的发生。

二、水肥一体化肥料选择标准

1. 对灌溉水的化学成分和 pH 有所了解

为了合理运用滴灌施肥技术,还必须掌握肥料的化学、物理性质。某些肥料可改变水的 pH,如硝酸铵、硫酸铵、磷酸一铵、磷酸二氢钾等会降低水的 pH,而磷酸氢二钾则会使水的 pH 增加。当水源中同时含有碳酸根和钙镁离子时可能使滴灌水的 pH 增加进而引起碳酸钙、碳酸镁的沉淀，从而使滴头堵塞。在滴灌水肥一体化技术中，化肥应符合下列基本要求：①高度可溶性；②溶液的酸碱度为中性至微酸性；③没有钙、镁、碳酸氢盐或其他可能形成不可溶盐的离子；④含杂质少，不会对过滤系统造成很大负担。

2. 设施蔬菜滴灌施肥系统中底肥施用与传统施肥相同，可包括多种有机肥和多种化肥

但滴灌追肥的肥料品种必须是可溶性肥料，符合国家标准或行业标准的尿素、碳酸氢铵、氯化铵、硫酸铵、硫酸钾、氯化钾等肥料，纯度较高，杂质较少，溶于水后不会产生沉淀，均可用作追肥。补充磷素，一般采用磷酸二氢钾等可溶性肥料作追肥；补充微量元素肥料，一般不能与磷素追肥同时进行，以免形成不溶性磷酸盐沉淀，堵塞滴头或喷头。

3. 对控制中心和灌溉系统的腐蚀性小

水肥一体化的肥料要通过灌溉设备来使用，而有些肥料与灌溉设备接触时，易腐蚀灌溉设备。如用铁制的施肥罐时，磷酸会溶解金属铁，铁离子与磷酸根生成磷酸铁沉淀物。一般情况下，应用不锈钢或非金属材料的施肥罐。因此，应根据灌溉设备材质选择腐蚀性较小的肥料。镀锌铁设备不宜选硫酸铵、硝酸铵、磷酸及硝酸钙；青铜或黄铜设备不宜选磷酸二铵、硫酸铵、硝酸铵等；不锈钢或铝质设备适宜大部分肥料。

4. 注意微量元素及含氯肥料的选择

微量元素肥料一般通过基肥或者叶面喷施应用，如果借助水肥一体化技术施用，应选用螯合态微肥。螯合态微肥与大量元素肥料混合不会产生沉淀。氯化钾具有溶解速度快、养分含量高、价格低的优点，对于非忌氯作物或土壤存在淋洗渗漏条件时，氯化钾是用于水肥一体化灌溉最好的钾肥。但对某些氯敏感作物和盐渍化土壤要控制使用，以防发生氯害和加重盐化，一般根据作物耐氯程度，将硫酸钾和氯化钾配合使用。

三、技术种类

1. "小管出流"施肥技术

"小管出流"得名于毛管的出水方式，它主要是针对微灌系统在使用过程中灌水器易被堵塞的难题和便于农业生产者管理的现实，采用超大流道，并辅以田间渗水沟，形成一套以"小管出流"灌溉为主体的符合实际要求的微灌系统。在设施菜地应用该项技术时可配合黑色地膜覆盖，以增加设施菜地环境温度，防止杂草丛生。"小管出流"田间灌水系统包括干管、支管、毛管、灌水器（流量调节器）及渗水沟。其优点是：堵塞问题小，水质净化处理简单，施肥方便，省水，操作简单，管理方便。

2. 膜下滴灌技术

膜下滴灌技术是将水加压、过滤，通过低压管道送达滴头，以点滴方式滴入作物根部的一种灌溉方式。它由水源（可用废旧大桶清洗改装而成水箱）、阀门、输水管道和滴头四大部分组成。输水管线间距随种植不同蔬菜品种而调整，滴灌管（带）上覆盖地膜。其特点是：①灌水均匀，节水显著，比地面灌溉节水 70%；②调控灵活，土壤和地形的适应性强，可灵活调控用水量；③水肥一体，可加入肥料一体使用，省肥 40%；④投资大；⑤技术性强：因滴头易堵塞对水质要求高，水压、过滤、作物需水规律要掌握好。

3. 肥料注入模式

（1）自压注入　这种方法比较简单，不需额外的加压设备，肥液只依靠重力作用自压进入管道。缺点是水位变动幅度较大，滴水滴肥流量前后不均一；此外，因肥料溶液是先进入蓄水池，而蓄水池通常体积很大，故而灌溉施肥后很难清洗干净剩余肥料，重新蓄水后易滋生藻类、苔藓等植物，有堵塞管道的隐患。

重力滴灌是依靠水源与灌水器（滴头）间的高度差提供水压的滴灌技术。在地势高处修建蓄水池或在棚中架高储水容器等方法都可以形成灌溉水压。在蓄水池或储水容器中加入可溶性肥料，即可实现水肥的同步供应，即重力滴灌施肥技术。施肥罐比开放的管道要高些，肥料溶液依靠重力作用自压进入管道，这样就可以将肥料溶液加入到灌溉管道中。为了使肥料溶液和灌溉水有较好的混合，灌溉水流动速率要足够高。如在位于日光温室大棚的进水一侧，在高出地面 1 米的高度上修建容积为 2 米^3 左右的蓄水池，灌溉用水先存贮在蓄水池内，以利于提高水温，蓄水池与灌溉的管道连通，在连接处安装过滤设施。施肥时，将化肥倒入蓄水池进行搅拌，待充分溶解后，即可进行灌溉施肥。又例如在丘陵坡地灌溉系统的高处，选择适宜高度修建化肥池用来制备肥液，化肥池与灌溉系统用管道相连接，肥液可自压进入灌溉管道系统。

（2）文丘里注肥 文丘里装置的工作原理是液体流经缩小过流断面的喉部时流速加大，利用在喉部处的负压吸入肥液。文丘里施肥器可实现按比例施肥，保持恒定的养分浓度，该方法无需外部能耗，此外还具有吸肥量范围大、安装简易、方便移动等优点，在灌溉施肥中的应用十分广泛。

（3）压差式施肥 压差式施肥法又称旁通施肥罐法，所用到的主要设备是施肥罐，工作原理是在输水管道上某处设置旁管和节制阀，使得一部分水流流入施肥罐，进入施肥罐的水流溶解罐中肥料后，重新回到输入管道系统，将肥料带到作物根系。即由两根细管（旁通管）与主管道相连接，在主管道上两条细管接点之间设置一个节制阀（球阀或闸阀）以产生一个较小的压力差（1～2米水压），使一部分水流流入施肥罐，进水管直达罐底，水溶解罐中肥料后，肥料溶液由另一根细管进入主管道，将肥料带到作物根区。因其操作简单、可直接使用固体肥料、无需预配肥料母液、无需外部能耗、装置简单、没有运动部件、不需要额外动力、成本低廉等优点，所以施肥罐是田间应用最广泛的施肥设备。

压差施肥属于按总量施肥，即可明确一次施肥总量和初始浓度。根据压差施肥运行原理可知，施肥时随着水的不断注入肥料养分浓度会不停地衰减，无法精准控制施肥浓度和速率，肥料溶液的浓度随施肥灌溉时间逐渐降低，这是压差施肥的一个最主要特点。

（4）**注肥泵** 注肥泵按驱动方式分，包括水力驱动和其他动力驱动两种形式。利用注肥泵将肥料母液注入灌溉系统，注入口可在输水管道的任何位置，但要求注入肥液的压力大于管道内水流压力。注肥泵法的优点是注肥速度可调，适用于各种不同肥料配方，既可实现比例施肥又可定量施肥。缺点是运行需要满足最小系统压力，需有正确设计和辅助配件，必须进行日常维护，前期投入成本高。

四、应用步骤

（1）**作畦**　按不同蔬菜品种整地作畦，畦面设计要求便于作物生长与田间操作。

（2）**铺设滴灌管**　在栽培畦间铺设滴灌管（带），将滴灌管（带）放在地上或覆于膜下。

（3）**配制肥料营养液**　在配制肥料营养液时，必须考虑不同肥料混合后产物的溶解度，肥料混合物由于形成沉淀而使混合物的溶解度降低。可采用 2 个以上的贮肥罐将混合后相互作用会产生沉淀的肥料分别贮存，并且要用溶解性好的肥料，如尿素、硝酸钾、硝酸铵、硝酸钙等。

（4）**滴灌**　施肥前，先要滴灌 5～10 分钟的清水；肥液滴灌完后不能立即关闭滴灌系统，至少再滴 10～15 分钟的清水，否则会在滴头处长出藻类、青苔、微生物等，造成滴头堵塞。灌溉时，打开主管道阀门，冲洗 1 分钟后再将阀门关好。

(5) 清洗过滤器 使用一段时间后，过滤器要打开清洗，确保畅通。

五、注意事项

(1) 要控制好系统压力，系统工作压力应控制在规定的标准范围内。

(2) 过滤器是保证系统正常工作的关键部件，要经常清洗。若发现滤网破损，要及时更换。

(3) 灌水器易损坏，应细心管理，不用时要轻轻卷起，切忌踩压或在地上拖动。

(4) 加强管理，防止杂物进入灌水器或供水管内。若发现有杂物进入，应及时打开堵塞头冲洗干净。

(5) 冬季棚室内温度过低时，要采取相应措施，防止冻裂塑料件、供水管及灌水器等。

(6) 滴灌时，要缓缓开启阀门，逐渐增加流量，以排净空气，减小对灌水器的冲击压力，延长其使用寿命。

第六节　设施菜地土壤养分亏缺防控技术

一、根层养分综合调控技术

相对于大田作物，果菜类蔬菜根系分布较浅、较弱，且对养分需求的强度和数量较大。菜农为了追求高产，在栽培过程中通常采用大水大肥的生产模式，水分管理和施肥方式比较粗放。过量水肥供应导致根层养分浓度较高，氮、磷养分淋失，肥料利用率低下，增加了环境污染的潜在风险，如土壤硝态氮积累与淋洗造成土壤和地下水的污染。同时由于肥料养分投入过高，导致土壤养分积累，容易诱发土壤的次生盐渍化、大量元素及中微量元素养分不均衡等土壤退化现象。因此，加强对蔬菜生产过程中水分和养分的管理，采用合理的水肥技术提高水分和养分的利用效率，对于蔬菜产品的优质高产具有重要的意义。

根层氮素调控是优化设施蔬菜养分投入、提

高养分利用效率的关键。基于根区临界养分浓度供应调控将根层养分浓度维持在临界浓度，按照"总量控制、按生育期分配"的原则，氮素以"少量多次、近根施用、水肥耦合"原则，磷、钾以长期维持管理，建立"提高""维持"和"控制"的调控理念，将根层土壤氮、磷、钾维持在适宜供应范围，缓解土壤氮、磷、钾积累，减少养分损失；中微量元素因缺矫正，使根层养分供应的时间和空间与作物需求同步，提高养分利用效率。

根层养分综合调控技术是综合调控根层养分供应浓度、养分离子形态和根系生长，即将适宜的养分保持在根层范围内，创造适宜的根系生长和养分吸收环境，在时间和空间两方面充分发挥根系及根际反应的潜力，最大效率利用养分的调控技术。根层调控是保证设施蔬菜高产和提高养分利用效率的关键，依据养分资源特征的不同，有不同的管理策略，分别是根层氮素浓度供应与氮素平衡推荐，根层土壤磷、钾供应与"维持"推荐，中微量元素"因缺矫正"推荐。

1. 根层氮素浓度调控与氮肥平衡推荐

根层氮素供应主要通过施肥前根层土壤残留无机氮、土壤有机氮素矿化、作物残茬或有机肥氮素矿化和氮肥来提供，在某些情况下还应该考虑灌溉水或沉降带入的氮素对氮素供应的影响。氮素优化管理就是在保证高产的前提下，通过确定合理的施肥技术把土壤无机氮残留控制在适宜的氮素浓度。适宜的氮素浓度值主要取决于作物种类和根系吸收速率，养分吸收能力弱的浅根系作物其值高于养分吸收能力强的深根系作物。

根层适宜的氮素浓度值要根据不同的氮素梯度长期的试验研究进行确定和验证。据山东寿光、北京郊区的长期定位试验，一年两季设施番茄沟灌条件下，根层适宜的氮素浓度值为 150 千克/公顷（N）时，实现了番茄高产稳产（年平均产量 155～175 吨/公顷），表观氮素损失不超过 300 千克/公顷（N）。与传统施肥相比，采用根层调控，可以降低 72% 的化肥投入量，减少 54% 的氮素损失和 38% 的 N_2O 排放量。蔬菜不同生长时期根层的适宜的氮素浓度值存在差异，京郊一年两季设施黄瓜冬春季黄瓜苗期、结瓜前期与结瓜后期的适宜的氮素浓度值分别为 100 千克/公顷、200 千克/公顷、150 千克/公顷（N），秋冬季分别为 100 千克/公顷、200 千克/公顷、100 千克/公顷（N）。与传统施肥相比，采用根层调控，在 4 个生长季平均减少了 55％的化肥氮投入量，降低了 40％氮素损失。

2. 根层土壤磷、钾供应与"维持"推荐

磷、钾养分的有效性较低，菜田土壤磷、钾养分的供应很大程度上依赖于潜在养分的供应，潜在养分在总量中占的比重较大，尤其是磷。施入土壤中的磷肥不同程度地转化为潜在养分状态，土壤潜在养分的一部分也可以转化成有效态。土壤溶液中的磷为对植物有效的磷，虽然比例很小，但土壤的磷库很大，能不断得到土壤有机和无机固相磷的补充，只要维持土壤中一定的磷素浓度就可以保证作物的吸收利用。因此，根层磷、钾养分调控适宜采用肥力培育和长期"维持"策略。

根据土壤磷素水平的等级，对高磷肥力土壤，依据作物磷素带走量，在保证作物产量的前提下，以环境风险为依据，控制磷肥用量或不施磷肥，避免超过环境风险阈值；对中等磷素肥力土壤，满足作物产量需求的前提下，维持土壤速效磷处于适宜含量和农学阈值之间，保障作物高产和养分高效；对低磷肥力土壤，以作物高产和培肥地力为目标，依据作物磷素带走量和安全阈值进行优化施磷。无论哪种肥力土壤，磷、钾素管理将3～5年作为一个周期进行监测，并根据监测结果进行调整，采取"控制""维持"或"提高"的管理措施，在满足作物高产需求的同时，使土壤有效磷（钾）含量长期维持在蔬菜优质高产需求的适宜浓度。由于农民大量施用有机肥和多元复混肥，果类菜田土壤磷素呈现富集，磷供应能力高。因此，果类蔬菜磷素管理以"维持"为原则，通过合理优化有机肥和化肥调控土壤磷、钾含量在适宜浓度范围。新菜田可以通过增施磷肥的方法，提高土壤磷素水平。

钾素养分管理策略与磷肥相同，不同的是钾素养分的有效性比磷素高，养分利用效率也高于磷肥。鉴于目前果类菜田土壤钾素含量差异较大，老菜区或经济发达地区的菜田土壤钾素水平较高，新菜田土壤钾素有待提高。钾素推荐原则和计算方法与磷素相同，按照作物带走的钾量，依据土壤钾素水平推荐不同的倍数。

3. 中微量元素"因缺矫正"推荐

果类蔬菜作物对中微量元素的需求量大，但不同蔬菜对中微量元素的需求特点有明显的差异。通常十字花科作物对硼的需求量较高，集约化养殖带来的粪肥富含铜、锌等养分，对镁敏感的果类蔬菜有黄瓜、番茄等，容易出现缺钙和缺镁的症状，如黄瓜、甜椒叶上的斑点病，番茄的脐腐病等。与大量元素相比，中微量元素需求量虽小，但对蔬菜产量和果实品质的影响非常重要，严重时甚至成为产量和品质提高的"瓶颈"，适量补充中微量元素能进一步提高氮、磷、钾养分的高效利用。中微量元素的补充来源于土壤和肥料，果类蔬菜由于常年施用禽粪类的有机肥，对补充土壤铁、锰、铜、锌等具有重要作用，因此，从土壤供应的角度来说蔬菜缺乏铁、锰、铜、锌的现象并不常见，特别是经常施用鸡粪、猪粪和牛粪等有机肥的田块，不用考虑铜、锌缺乏，而是要关注过量问题。由于蔬菜栽培体系中的过量灌溉造成硝酸盐淋洗的同时也伴随着土壤钙、镁的淋失，尤其是在沙质土壤。同时，土壤过高的钾素供应会影响作物对镁的吸收，出现生理性缺镁症。

果类蔬菜中微量元素的施用依据"因缺矫正"原则，针对不同中微量元素的缺乏程度和时期，根据蔬菜对元素的吸收特性，选择合适的矫正方法，如肥料品种、施用量和施用时间等，但对钙、镁和硼应重点补充。中微量元素肥料建议选择单一肥料，如硫酸镁、硝酸钙、氯化钙、硫酸锌、硼酸、硫酸铜等，或者吸收效果比较好的螯合态微肥。钙肥以叶面喷施方式补充，在果类蔬菜开花时对花序上下充分喷施 2～3 次，盛果期可直接向果实表面喷施；硫酸镁肥为速效肥，可以在果实膨大前用作追肥，也可用 1%～2% 的硫酸镁或 1% 的硝酸镁叶面喷肥 2～3 次，硫酸镁基施土壤的用量为每亩 1～1.5 千克；硼素补充为基施硼砂，用量为每亩 1～1.5 千克或在开花期和坐果期叶面喷施 0.1%～0.2% 的硼砂溶液 2～3 次。

二、测土配方施肥技术

1. 测土配方施肥的概念

测土配方施肥简单地说就是在进行土壤养分

测定的基础上，根据农作物的需肥规律，在农业科技人员的指导下合理地施用配方肥，最大限度地满足作物生长发育对各种养分的需要。其技术的关键和核心点是调节好作物对肥料的需求以及土壤对肥料的供应这两方面的矛盾，有针对性地补充作物所需的短缺营养元素，作物需要什么元素补充什么元素，需要多少补充多少，使各种养分平衡供应，满足作物的需求，做到科学施肥。以保障作物各种养分的平衡供应，使作物更好地生长，提高产量和品质，提高农产品市场竞争力，并优化肥料的施用，提高化肥利用率，提高生产效益。

测土配方施肥包括"测土""配方""施肥"3个环节。第一环节测土，即取土样测定土壤养分含量，摸清土壤的家底，掌握土壤的供肥性能。第二环节配方，即经过对土壤养分诊断，按照作物需要的营养"开出药方，按方配药"，就像医生看病，对症处方，其核心是根据土壤、作物状况和产量要求，产前确定施用的肥料品种与数量。第三环节施肥，即选择合适的时期和合理的方法科学施肥，合理安排基肥和追肥比例，规定施用时间和方法，发挥肥料的最大增产作用。

2. 测土配方施肥的主要环节和步骤

测土配方施肥技术包括"测土、配方、配肥、供应、施肥指导"五个基本环节（图3-1）和"田间试验、土壤测试、配方设计、校正试验、配方加工、示范推广、宣传培训、效果评价、技术创新"九个步骤（图3-2）。

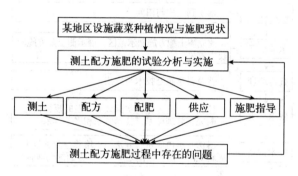

图3-1 测土配方施肥的基本环节

测土配方施肥需要专业技术人员的前期田间试验，获得有关作物、土壤的大量研究数据，在此基础上确定配方，实施时还需专业技术人员的指导。菜农朋友可以做的部分是采集土样，送到相关技术部门进行土壤样品的分析测试得到配方或配方肥及施肥建议，然后实施田间施肥。为

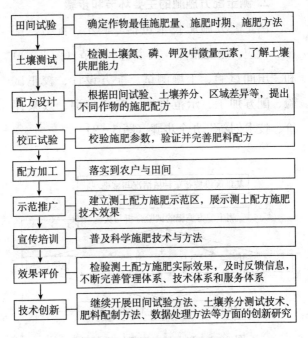

田间试验	确定作物最佳施肥量、施肥时期、施肥方法
土壤测试	检测土壤氮、磷、钾及中微量元素，了解土壤供肥能力
配方设计	根据田间试验、土壤养分、区域差异等，提出不同作物的施肥配方
校正试验	校验施肥参数，验证并完善肥料配方
配方加工	落实到农户与田间
示范推广	建立测土配方施肥示范区，展示测土配方施肥技术效果
宣传培训	普及科学施肥技术与方法
效果评价	检验测土配方施肥实际效果，及时反馈信息，不断完善管理体系、技术体系和服务体系
技术创新	继续开展田间试验方法、土壤养分测试技术、肥料配制方法、数据处理方法等方面的创新研究

图 3-2　测土配方施肥步骤

此，我们将采集土壤样品的方法和施肥注意事项陈述一下。

土壤样品的采集方法：①采样单元。以一块集中连片种植同一种蔬菜的土地或一个大棚为一个采样单元，不能多个不同品种种植基地或多个大棚混合取土。②采样时间。一是在前茬作物拉秧后，后茬作物种植施肥前；二是在作物生长期间，应在追肥前采样化验，追肥后不宜立即取土。③取样点的确定。采集土壤样品应沿着一定的路线，按照"随机、等量、多点混合"的原则进行土样采集，一般在当季作物播种前进行采样。随机，即每一个采样点在采样单元内随意确定；等量，即每一个采集点的土样深度、厚度、宽度要一致，上、中、下各部位土壤采样量要一致；多点混合，即把一个采样单元内各点所采的土样混合构成一个混合样品。一般采用"S"法或"X"法，随机确定10～15个采样点，并使取样点在取样单元内分布均匀，确定取样点时，要避开地（棚）头、地（棚）边以及肥料过于集中的地方。采样深度一般为0～20厘米，如果作物的根系较深，可以适当增加采样深度。④取样方法。每个采样点的采样量要均匀一致，土样上层与下层的比例要相同。用铁锨取样时先铲出一个耕层断面，再平行于竖直断面取土。取土要垂直于地面，取土深度原则上为根系伸展到的深度，一般作物为0～20厘米。每个采样点都采集成一个长约20厘米、宽2～3厘米、厚2～3厘米的长方体土柱即可。用于测定微量元素的样品应使用不锈钢取土器或竹器采样，不要取紧贴铁锨的土壤，防止金属污染。⑤取样数量。各点采集土壤样品0.5～1千克，然后将所采集的所有土壤样品都放在干净的塑料布（或没有污染的塑料编织袋）上。将采集的所有土样充分混匀后，在塑料布上堆成圆锥形或正方形，采用四分法留取对角两份土壤样品，其余两份土壤弃去，然后再将保留的土壤继续用四分法留取两份土壤样品，直至样品量为1千克左右，装入样品袋中，避免其他因素的干扰，并在样品袋的内外打上标签，标签上仔细标明土样采集的各相关信息，如地点、日期以及采样人等。

施肥：农户在农业科技人员的指导下科学施肥。农业技术部门将配方制作成配方施肥卡提供给农户，农户按照配方施肥卡合理施用肥料。要掌握好施肥深度，控制好肥料与种子的距离，尽可能有效满足蔬菜苗期和生长发育中、后期对肥料的需求。用作追肥的肥料，更要看天、看地、看蔬菜，掌握追肥时机，提倡水施、深施，提高肥料利用率。

施肥注意事项：由于配方肥料通常是作为底肥施用，因此需要一次性施完。施肥时要注意掌握好施肥的深度，因为过深或过浅都会影响肥效的发挥。另外，还要控制好肥料和种子之间的距离，避免发生肥害。这样，可以确保蔬菜在苗期以及后期的生长发育对养分的需求。施肥时还要注意选择适当的天气和时机，为提高肥料的利用率，通常采用水施和深施的方式施肥。在施肥后，还需经常对蔬菜大棚中的土壤进行化验，并根据化验结果对肥料的施用进行调整。当发现钾肥超标时，后期在给蔬菜施肥时就可以相应减少钾肥的施用；当发现土壤有机质含量下降的时候就要多施用有机肥。

3. 测土配方施肥的基本原则

（1）有机无机相结合、多施有机肥 有机无机相结合是指根据有机肥和化肥的特点，合理搭配施肥。有机肥可以增加土壤有机质含量，改善土壤理化性状，提高土壤保水保肥能力，增强土壤微生物活性，促进化肥利用率提高，具有明显提高作物产量和改善作物品质的作用，因此必须坚持多种形式的有机肥投入，有机肥肥效长、养分全面，宜作基肥。化肥可以及时提供补充作物生长所需要的养分，要在有机肥的基础上施好化肥。化肥速效，有效期短，养分单一，可作基肥更宜作追肥。要根据作物的生长发育情况、需肥特点，确定施肥数量、次数和时间。

(2) **改进施肥方法，推广科学施肥技术**　复混肥料以基肥为主，复混肥料作为基肥要深施覆土，防止氮素的损失，施肥深度宜在根系密集层，有利于植物吸收。氮肥宜与有机肥、磷钾肥配合使用，有利于培肥土壤，提高氮肥利用率。磷肥要集中施用，分层施用，施在植物根系附近；磷肥与有机肥料混合施用可减少磷的固定，提高磷的有效性。钾肥一般以早施、深施、集中施用为宜。

(3) **有针对性地补充中、微量元素肥料**　作物生长需要多种中、微量元素，随着大量元素肥料施用量的增加，作物产量大幅提高，土壤缺乏中、微量元素的状况随之加剧，要注意及时补充各种中、微量元素。但不同土壤、不同作物对中、微量元素的需求存在差异，应根据测定结果缺素补素。

微量元素肥料的施用后效明显，但是难以施用均匀，施用过量易造成环境污染，影响人畜健康，因此一般与有机肥混合均匀后以基肥的方式施入，或可以根外追肥。根外追肥具有养分吸收快、肥效高、防止养分在土壤中的固定损失、成本低、施用方便安全、环境污染少等优点。在一定条件下，可结合病虫害防治，与农药混合施用，简化农事操作程序，减轻劳动强度，促进增产增收。

（4）**用地养地结合** 坚持用地养地结合，投入与产出相平衡，使作物、土壤、肥料形成物质和能量的良性循环，提倡合理轮作倒茬，提倡结合深翻施用基肥。

4. 降低蔬菜硝酸盐积累的配方施肥方法

（1）**分期施用氮肥** 把氮肥分期使用，可降低土壤中硝态氮的含量，从而减少蔬菜中硝酸盐的积累。蔬菜特别是叶类蔬菜施用氮肥时要重施基肥轻施追肥，以减少硝酸盐的积累。

（2）**正确搭配使用氮、磷、钾肥** 磷既影响作物对硝态氮的吸收，也影响作物的生长发育；施用钾素也有利于硝酸盐的还原，从而降低蔬菜尤其是叶类蔬菜因大量施用氮肥而造成的硝酸盐积累。因此，氮、磷、钾 3 要素适宜配比，不但能提高蔬菜的产量，还能使蔬菜中硝酸盐含量达到最低，真正实现无公害生产。

(3) 增施有机肥 有机肥养分释放缓慢，适应蔬菜对养分的吸收规律，减少了蔬菜对硝态氮的吸收。此外，有机肥料中含有多种酶类物质，可促进蔬菜生长，从而产生稀释效应，降低其硝酸盐含量。

(4) 采取适当的施肥方法 在实施化肥、蔬菜专用肥时要深施、早施，深施可以减少养分挥发，一般铵态氮施于 6 厘米以下土层，尿素施于 10 厘米以下土层，磷、钾肥施于 15 厘米以下土层，蔬菜专用肥施于 15 厘米以下土层。不同类型的蔬菜，硝酸盐的累积程度有很大差异，一般是叶菜高于瓜菜，瓜菜高于果菜。另外，同一种蔬菜在不同气候条件下，硝酸盐含量也有差异，一般高温强光下，硝酸盐积累少。要针对不同情况，采取不同的防御措施，减少硝酸盐积累，使蔬菜达到无公害标准。

第三章
设施菜地土壤培肥及改良技术

第一节　设施菜地土壤培肥技术

土壤地力培肥即通过人为措施提高土壤肥力的过程。在一定的耕作制度下，通过精耕细作，合理施肥和灌溉等措施，使土壤不断增进肥力，向获得高产、稳产的方向发展。所以土壤地力培肥措施需要综合考虑土壤肥力各要素及其相互关系，提高耕地综合"素质和能力"。

土壤地力培肥技术可防控土壤板结，提高土壤肥力。

一、土壤肥力的概念

土壤肥力是农业可持续发展的基础资源，培肥是维持农业土壤肥力水平、增加作物产量和质量的最主要的农业措施。

土壤肥力是土壤能经常适时供给并协调植物生长所需的水分、养分、空气、温度、支撑条件和无毒害物质的能力。土壤肥力是土壤各种理化性质的综合反映,是土壤的主要功能和本质属性;土壤肥力是土壤内在物质、结构和理化性质与外界环境条件综合作用的结果。土壤肥力是一种属性,并非土壤的物质组成。肥力没有结构和尺寸大小,就像人的素质和能力一样是一个抽象的概念,但其又有具体的表现。影响耕地土壤肥力的因素很多,如土壤质地即沙黏情况、土壤结构、水分状况、温度状况、生物状况、有机质含量、酸碱度等,凡是影响土壤物理、化学、生物性质的因素,都会对土壤肥力造成一定影响。一句话概括定义,即"肥力是土壤的基本属性和质的特征,是土壤从营养条件和环境条件方面供应和协调植物生长的能力"。在这个定义中,所说的营养条件指水分和养分,它们是作物必需的营养因素;所说的环境条件指温度和空气,虽然温度和空气不属于植物的营养因素,但对植物生产有直接或间接的影响,称为环境因素或环境条件。定义中所说的"协调"解释为土壤中四大肥力因素（水、肥、气、热），它们不是孤立的，而是相互联系和相互制约的。植物的正常生长发育，不仅要求水、肥、气、热四大肥力因素同时存在，而且要处于相互协调的状态。这种协调状态比喻为土壤能稳、适、匀、足地供应和协调植物水分和养分的需求。"稳"是能源源不断地供应植物水分和养分；"适"是供应量要适当，不仅水分和养分适量，各种养分比例也要适量；"匀"是随着植物生长需要能均匀地输送养分和水分；"足"是土壤有足够的水分和养分储量，能保证满足植物生长需求。

二、设施菜地土壤肥力特征

1. 土壤物质移动速度变慢，表现出积聚型特征

园艺设施中由于多采用喷灌、滴灌或小畦小水灌溉，淋溶作用强度降低，土壤物质移动速度变慢，土壤中盐基离子淋失较少，土壤水分从表面蒸发失水多，加上施肥多的因素，使土壤物质

表现出积聚型特征。如盐分积累，导致次生盐渍化。

2. 土壤热量供给增大，土壤气体交换减弱

土壤热量供给量较大，土壤温度较高，土温变化趋缓；土壤接收紫外线照射减弱，自然消毒作用减弱，土壤病虫害易发生。

土壤通气状况变缓，土壤中二氧化碳、氧气由于受到设施阻碍，与大气进行交换的速度和强度减弱，根系呼吸较自然土壤中根系呼吸慢。

3. 土壤水分运动变缓

土壤水分运动强度变弱，而土壤湿润时间变长。土壤水分下渗距离变小，地温较高，土壤溶液中盐分易积累，土壤团粒结构受灌水次数多、浸润时间较长的影响而趋向分散，土壤表面易出现硬磐层，同时土壤表层长期湿润，易造成氮的反硝化损失。

4. 土壤溶液浓度较高，微生物活动受到一定的抑制

土壤溶液浓度达到 0.15% 以上时，土壤微生物活性降低，土壤中硝化过程缓慢，易造成土壤中铵的积累，作物吸收氮的效率减弱。

5. 土壤养分供应充足

设施土壤受地温较高和水分条件好的影响，土壤速效养分供应强度较大，加上施肥量较大，一般不会引起明显的作物缺素症，但高浓度氨影响下会引起钙吸收困难或营养元素相互干扰引起的养分吸收障碍。

三、设施菜地土壤栽培要求

（1）土壤耕层深厚，一般以 30 厘米为宜，土体厚度应在 1 米以上，土壤耕层疏松，有较多团粒结构，土壤通透性良好，土壤质地以轻壤中壤为宜。

（2）土壤耕层有机质含量应大于 2％，土壤速效养分含量较高，土壤养分供应比例协调。

（3）土壤水分状况良好，湿度适宜，排水良好。

（4）土壤溶液浓度应低于 0.10％，土壤酸碱反应在中性附近为宜。

（5）土地平整，疏松细碎，地面高差应小于 1 厘米，规划成小畦田、网格化。

（6）土壤中不含污染物，或污染物含量较低，应在国家允许范围内。

四、设施菜地土壤培肥措施

1. 深耕改土，创造深厚疏松耕作层

蔬菜根系发达，生长发育需有一个深厚疏松的耕层，这就要求种菜时严格耕作技术，精心整地。耕作的目的是为了改变土壤的垒结状况和土壤环境，创造适应蔬菜生长所需的深厚疏松的耕作层，以改善蔬菜生长发育的土壤环境与营养条件。因此，菜地土壤应在施足有机肥料的基础上，逐年加深耕作层，一般2～3年深耕或深翻1次（30～40厘米），并做到熟土在上、生土在下、不乱土层。深耕、深翻时，要注意适墒，防止烂耕烂整，破坏土壤结构。菜地要讲究整地质量，达到深、松、细、平的标准，要求土壤上层疏松绒细，下层沉实无暗垡僵块，以利于蔬菜根系舒展，扩大营养范围，更好地发挥土壤的肥力。

整地的方法：选择适宜的墒情，先施好有机

肥料，然后深翻 15～20 厘米，埋严埋实地面杂草残叶和肥料，在适墒条件下，将土块耙碎整平，达到上虚下实、绒土多、无暗垡、土块大小均匀、畦面平整的标准。蔬菜直播的地块要求土粒更细，按照品种要求开好畦、沟，做到高畦深沟、沟渠相通、排灌顺畅。

2. 增施优质有机肥

有机肥料具有养分全面、平衡供给养分、肥效长、污染小、培肥地力、提高产量和改善品质的作用。有机肥料能增加土壤有机质的含量，促进团粒结构的形成，改善土壤理化性状，增强土壤微生物的活性，提高土壤中微量元素的有效性，增强土壤保肥性和供肥性，其作用是无机化肥所不能代替的。增施优质有机肥料，不仅能提高土壤有机质和氮、磷、钾的含量，而且有机肥是各种微量元素的主要来源，同时还能增强土壤的缓冲能力。

有机肥一般作为基肥施用。如果肥料数量多，可结合土壤耕翻撒施，深翻入土，与土壤混合均匀。如果有机肥料数量少，可在蔬菜播种前撒施于畦面，随后翻入土中混合均匀；也可在做畦前，在蔬菜种植行上挖沟或挖穴，把肥料施入沟内或穴内再做畦和起垄。

3. 化肥施用要适量，微肥用量要适宜

设施内的肥料不容易流失，过度施用化肥，会引起土壤中盐类浓度增加，导致土壤的盐渍化。要控制氮肥，增施磷、钾肥，要禁止或限量施用硝态氮，如硝酸铵、硝酸钾以及含硝态氮的复混肥。在设施蔬菜管理上，增加通风时间和增强光照强度可减少蔬菜硝酸盐的含量。不宜施含氯化肥，因为氯离子能降低蔬菜中的淀粉含量，使品质变劣，而且残留于土壤中易造成土壤板结。要限量施用硫酸镁、硫酸铵类肥料，因为硫酸根离子不易被蔬菜吸收，长期施用会残留在土壤中危害蔬菜生长。

微量元素肥料在蔬菜上需求量虽然很小，但它在蔬菜代谢中的作用却很大，能大大提升蔬菜品质。目前常用的微肥有硼、钼、锌、铁肥等。微肥多作基肥施用，也可以用于拌种、浸种或根外追肥。微肥适量与过量之间的范围比较窄，所以用量一定要准确，避免造成肥害。

4. 合理轮作，改良土壤结构

建立适宜的轮作制是用地结合养地的重要方

法，也是培肥土壤的有效途径。俗话说"茬口倒顺，强似上粪"。蔬菜的生长期较短，一年中换茬频繁，根系活动对土壤的影响尤为强烈。因此，应制定合理的轮植计划。实践证明，深根和浅根作物相互轮换，交替种植，可以充分利用上下土层的养分和水分，增加上下土层的腐殖质；豆科类蔬菜与非豆科类蔬菜轮作，可以发挥豆科作物的增磷补氮作用；对养分要求有较大差异且不易发生同种病虫害的蔬菜品种搭配轮流栽培，以便于合理利用土壤养分，加速土壤结构改良。轮作可防止连作障碍的发生，防止病虫害，为提高蔬菜品质奠定基础。最好将轮作方法所种植的品种每年建立田间档案，供下年度确定种植品种时参考。

5. 合理灌溉，防止盐害发生

设施土壤由于土壤表层水分蒸发较多和施用化肥较多，盐分易在表层累积，造成土壤溶液浓度升高，影响作物生长。可通过科学灌水抑制积盐，在播前或移栽前加大灌水量，促进下渗水流，使盐分淋洗。地下水位较高和土壤下层有隔水黏土层时，不适合采用灌溉洗盐措施。

6. 适时更换表土层

长期连续使用的设施菜地土壤，经多年耕作栽培，当出现土壤盐分积累较多、土壤团粒结构破坏严重、采用有机肥和灌水洗盐改良难以奏效时，应采用更换耕作层或客土法进行改良。

7. 适时进行土壤消毒

设施菜地土壤常施用人粪尿、未腐熟有机肥以及连作等原因，土壤有害微生物较易积累在土壤中。所以，多年耕作栽培的设施土壤表层应注意适时消毒处理，消除或减轻连作障碍危害。

第二节　换填客土改良及
修复技术

客土法是彻底改良土壤质地的方法。土壤质地主要有三大类，即沙土、壤土和黏土。土壤质地过沙或过黏均对作物生长不利，因此应采取相应的改良措施。客土，即通过沙掺黏或黏掺沙，改变土壤颗粒组成，是一个有效的质地改良措施。客土技术简单，但缺点是客土时的土方量和人工量很大，有时会导致土壤肥力水平下降。

近年来，由于设施菜地土壤显现多种退化现象，客土修复已应用于设施菜地土壤修复，而不单纯是改良土壤质地。将温室中原有的耕作层土壤进行置换以降低和防治病虫害，改善土壤质量，使退化的土壤达到修复，形成一种良性循环，从而达到提高蔬菜产量和品质的目的。

日光温室在连续多年耕种后，由于施肥和灌水量加大，造成地下水位升高，土壤结构变差，盐分含量呈上升趋势。加之温室中病虫害频繁发生，农药用量加大，土壤中有毒有害物质的积累增多，有的已远远超过国家农田环境质量标准，严重影响蔬菜的产量和品质，成为制约日光温室高产、优质的主要障碍因素。要改善土壤理化性状，逐步向理想的壤质土演变，就要根据当地土壤情况，使用土壤改良剂和进行拉沙换土或大田土壤置换。通过采取客土改良的方式，将土壤换上新的熟土，达到彻底改变设施栽培土壤耕作层理化性状的目的，有利于蔬菜的高产优质。

用于土壤质地改良的客土方式有三种：第一种是坑田法。按一定的距离挖20～30厘米见方土坑，填入客土材料。在一般栽培条件下，每坑施入 5～7.5 千克，亩用量：10 吨左右（以风干土计，下同）。第二种是沟施法。把客土材料施入垄沟内，而后培土筑垄。亩用量 20～30 吨。第三种是平铺法。在土地表面均匀撒施 50 吨/亩左右的客土材料，随即耕耙，掺土入沙。在一般情况下，沙质土壤用平铺法改良一次即可改善土壤的不良性状，取得显著的增产效果。如果应用坑田法和沟施法也能达到相同的增产效果，虽然只改良了局部范围，但省工省料。

设施菜地改良土壤客土的一般方法是排土然后客土，即先铲除表层土壤，然后换上新的优质熟土。铲除土壤表层 3～5 厘米土壤（有人认为 5 厘米即可，也有人认为 10 厘米较佳，但工程量和投入人工量加大），将土壤换上新的熟土，彻底改变耕作层土壤理化性状，有利于作物的高产优质和防治病虫害。

客土修复设施菜地退化土壤，可改善土壤次生盐渍化、土壤酸化、土壤板结、土壤质地不良、土壤养分障碍、土壤连作障碍等诸多问题。

第三节　土壤结构改良技术

土壤结构是土壤的基本物理性质，土壤结构的监测、管理和调节常常是农田土壤管理的主要内容。

一、土壤结构

1. 土壤结构类型

土壤结构是土粒（单粒或复粒）的排列、组合形式，它包含着两重含义：结构体和结构性。通常所说的土壤结构多指结构性。土壤结构体或称结构单位，它是土粒（单粒或复粒）互相排列和团聚成为一定形状和大小的土块或土团。他们具有不同程度的稳定性，以抵抗机械破坏（力稳性）或泡水时不致分散（水稳性）。

常见的土壤结构体类型有团粒结构、片状结构、块状结构和柱状结构等。自然土壤的结构体种类对每一类型土壤或土层是特征性的，可以作为土壤鉴定的依据。例如，黑钙土表层的团粒结

构、红壤心土层的核状结构等。耕作土壤的结构
体种类也可以反映土壤的培肥熟化程度和水文条
件等。如"蚕沙"是形如蚕粪粒大小的结构体，
它的含量多则肥力水平高。华北平原耕层土壤中
形如蒜瓣的结构体多，则肥力水平低；形如蚂蚁
蛋的结构体多，则肥力水平高。农民俗称为"土
坷垃"就是在田间常见的块状结构体。块状结构
体一般出现在有机质含量少、质地黏重的土壤表
层，底土和心土层也常见到。表层土壤坷垃多，
由于它们相互支撑，形成较大的空洞，加速了土
壤水分丢失，漏风跑墒，还会压苗，使幼苗不能
顺利出土。农民常说："麦子不怕草，就怕坷
垃咬。"

　　团粒结构体包括团粒和微团粒。团粒结构是
指在腐殖质等多种因素作用下形成近似球形较疏
松多孔的小土团，直径为 0.25~10 毫米，直径
小于 0.25 毫米的称为微团粒。团粒结构一般在
耕层较多，农民称为"蚂蚁蛋""米糁子"。在农
学上，通常以水稳性团粒结构的含量判别结构好
坏，多的好、少的差，并据此鉴别某种改良措施
的效果。

土壤结构性是由土壤结构体的种类、数量（尤其是团粒结构的数量）及结构体内外的孔隙状况等产生的综合性质。良好的土壤结构性，实质上是具有良好的孔隙性，即孔隙的数量（总孔隙度）大而且大小孔隙的分配和分布适当，有利于土壤水、肥、气、热状况调节和植物根系活动。

农业上宝贵的土壤是团粒结构土壤，含有大量的团粒结构。团粒结构土壤具有良好的结构性和耕层构造，耕作管理省力而易获作物高产；但是，非团粒结构土壤也可通过适当的耕作、施肥和土壤改良而得到改善，使之适合植物生长，因而也可获得高产。

2. 团粒结构在土壤肥力上的意义

（1）团粒结构土壤的大、小孔隙兼备，能协调土壤水分与空气的矛盾 团粒结构具有多级孔隙，总的孔隙度大，即水、气总容量大，又在各级结构体之间发生了不同大小的孔隙通道，大、小孔隙兼备，蓄水（毛管孔隙）与透水、通气（通气孔隙）同时进行，土壤孔隙状况较为理想。同团粒结构土壤比较，非团粒结构土壤的孔隙单调而总孔隙度较低，调节水、气矛盾的能力低，耕作管理费力。

团粒结构数量多的土壤，大小孔隙分布合理，可以大量接纳降水和灌溉水。在下雨或灌溉时，当水分经过团粒附近时，能较快地渗入团粒内部的小孔隙并得以保蓄。团粒结构之间的大孔隙多充满空气。这样土壤中既有充足的空气，又有足够的水分，解决了土壤中水、气之间的矛盾。具有团粒结构的土壤，既不像黏质土那样不透水，也不像沙质土那样不保水。

（2）团粒结构土壤的保肥与供肥协调，能协调土壤有机质和养分的消耗与积累的矛盾 在团粒结构土壤中的微生物活动强烈，因而生物活性强，土壤养分供应较多，有效肥力较高。而且，土壤养分的保存与供应得到较好的协调。在团粒结构土壤中，团粒的表面（大孔隙）和空气接触，有好气性微生物活动，有机质迅速分解，供应有效养分。在团粒内部（毛管孔隙），储存毛管水而通气不良，只有嫌气微生物活动，有利于养分的储藏。所以，每一个团粒既好像是一个小水库，又是一个小肥料库，起着保存、调节和供应水分和养分的作用。在单粒和块状结构土壤中，孔隙比较单一，缺少多级孔隙，上述保肥和供肥的矛盾不易解决。

（3）**稳定土温，调节土壤热量状况** 有团粒结构的土壤，团粒内部小孔隙数量多，保持的水分充足，土温变幅减小。因为水的热容量大，不易升温或降温，相对来说起到了调节土壤温度的作用。

（4）**改善土壤耕性和有利于作物根系伸展** 有团粒结构的土壤疏松多孔，作物根系伸展阻力较小，团粒结构又有利于根系固着和支撑。同时，结构良好的土壤，由于团粒之间接触面较小，黏结性较弱，因而耕作阻力小，宜耕期长，提高了耕作效率和耕作质量。

总之，在团粒结构性较好的土壤中，团粒间是粗孔，团粒内部是细孔，粗细孔隙搭配合适，对作物生长、微生物活动和耕性有利。它既能调节通气、保水、保温，还能降低黏重土壤的比表面积。有团粒结构的土壤松紧合适、通气透水、保水、保肥、保温，扎根条件良好，土壤的水、肥、气、热比较协调，能为农作物生长发育创造一个最佳的土壤环境条件，从而有利于获得高产稳产。

二、土壤结构改良技术

绝大多数农作物的生长、发育、高产和稳产都需要有一个良好的土壤结构状况，以便能保水保肥、及时通气排水，调节水气矛盾，协调肥水供应，并有利于根系在土体中穿插等。大多数农业土壤的团粒结构，因受耕作和施肥等多种因素的影响而极易遭到破坏。因此，必须进行合理的土壤结构管理，以保持和恢复良好的结构状况。主要方法如下。

1. 增施有机肥料及秸秆还田

有机肥料除了能提供作物多种养分元素外，其分解产物如多糖等以及重新合成的腐殖物质是土壤颗粒的良好团聚剂，能明显改善土壤结构，消除土壤板结。施用有机质含量高的有机肥料具有培肥地力、改良土壤的效果。增施有机肥，可增强土壤保肥、透气、调温的性能，而且可提高土壤有机质含量，增强土壤蓄肥性能和对酸碱的缓冲能力，防止土壤板结。

增施生物菌肥还可快速补充土壤中的有益菌，**恢复团粒结构**，消除土壤板结，促进蔬菜根系健壮生长。

农作物秸秆是重要的有机肥源，秸秆粉碎还田可提高土壤有机质含量，增加土壤孔隙度，协调土壤中的水肥气热，为土壤微生物活动创造良好环境，有利于有机质分解，改善土壤理化性状，改土效果明显。一般在作物定植前20～30天，每亩施用1吨秸秆，灌足水，铺上地膜，并盖严棚膜闷棚，具有改良土壤的良好效果。

2. 合理耕作、水分管理及施用石灰或石膏

（1）**合理耕作** 在土壤含水量适宜时耕作，避免烂耕烂耙破坏土壤结构，并适度深耕。当耕作深度大于30厘米时，可打破犁底层，加厚土层厚度，改善耕层构造，可以将一定深度的紧实土层变为疏松细碎的耕层，从而增加土壤孔隙度，促进土壤中潜在养分转化为有效养分和促使作物根系的伸展。蔬菜作物定植后及时中耕，疏松土壤，增强土壤透气性，防止板结。耕翻最好人工进行，深度 40 厘米左右，不但可翻匀肥料，还可保护土壤耕作层结构不被破坏，利于作物根系生长。

（2）**科学灌水** 大水漫灌由于冲刷大，对土壤结构破坏最为明显，易造成土壤板结。沟灌、滴灌、渗灌等相对较为理想，沟灌后应及时疏松表土，防止板结，恢复土壤结构。

（3）**施用石灰或石膏** 在酸性土壤中施用石灰，对碱土施用石膏，可改善土壤结构，促使土壤疏松，防止表土结壳，改良土壤结构。

3. 土壤结构改良剂的应用

土壤结构改良剂是改善和稳定土壤结构的制剂。按其原料来源，可分成人工合成高分子聚合物制剂、自然有机制剂和无机制剂三类。但通常指的是人工合成聚合物，因它的用量少，只需用土壤重量的千分之几到万分之几，即能快速形成稳定性好的土壤团聚体。

（1）**人工合成高分子聚合物制剂** 人工合成高分子聚合物制剂于 20 世纪 50 年代初在美国问世。较早作为商品的有四种：①乙酸乙烯酯和顺丁烯二酸共聚物（VAMA），又称

CRD-186 或克里利姆 8，为白色粉末，易溶于水，溶液 pH 3.0，属聚阴离子类型。②水解聚丙烯腈（HPAN），又称 CRD-189 或克里利姆 9，为黄色粉末，水溶性，溶液 pH 9.2，属聚阴离子型。③聚乙烯醇（PVA），白色粉末，溶于水，水溶液中性，属非离子类型。④聚丙烯脱酰胺（PAM），属强偶极性类型，银灰色粉末，水溶性好。上述四类制剂中以最后一种制剂较有推广前途，因其价格较便宜，改土性能也较好。

（2）自然有机制剂 由自然有机物料加工制成，如醋酸纤维、棉籽胶、芦苇胶、田菁胶、树脂胶、胡敏酸盐类以及沥青制剂等。与合成改良剂相比，施用量较大，形成的团聚体稳定性较差，且持续时间较短。

（3）无机制剂 无机制剂如硅酸钠、膨润土、沸石、氧化铁（铝）硅酸盐等。

4. 实行合理轮作

作物本身的根系活动和合理的耕作管理制度，对土壤结构性可以产生很好的影响。一般来说，不论是禾本科作物或豆科作物，不论是一年生作物或多年生牧草，只要生长健壮、根系发达，都能促进土壤团粒结构的形成，只是它们的具体作用有所差别。通过合理的作物布局和轮作倒茬，把养分需求特点不同的作物合理搭配，能改良土壤、培肥地力，达到用养结合、提高土地利用率的目的。

轮茬换作能避免长期单种一种作物使得土壤的某些养分吸收量过多造成缺乏。合理安排不同蔬菜品种，并尽量考虑不同科属蔬菜，针对蔬菜的根系深浅、品种间的吸肥特点等选择轮作品种。采取轮作方式既可以使蔬菜吸收土壤中不同部位的养分，又可以通过换茬的方式减轻土壤的板结，有利于提高蔬菜的产量和品质。若土壤有积盐现象或酸性强，可种植耐盐性强的蔬菜，如菠菜、芹菜、茄子等或耐酸性较强的油菜、空心菜、芋头等，达到吸收土壤盐分的目的。

5. 晒垡和冻垡

对土壤进行晒垡和冻垡，可充分利用干湿交替和冻融交替对土壤结构形成的作用，熟化土壤，防止板结。

另外，多年种植的蔬菜大棚，因连年使用化肥，土壤盐渍化程度比较高，土壤容易板结。可利用夏季空棚期、休闲季，通过揭棚自然降水淋洗，或浇大水的方法，将土壤中过多的盐分进行淋洗，以降低土壤中的盐离子浓度，缓解土壤板结。

第四章
设施菜地退化土壤
综合修复技术

第一节　石灰氮日光消毒技术

石灰氮（$CaCN_2$）俗称乌肥或黑肥，主要成分为氰氨化钙，作为农用化肥已有一百多年的历史，随着化肥工业的发展，曾经一度淡出农用化肥市场。近年来，随着农业生产专业化和设施化的发展，种植制度变得相对固定。同时，种植作物的单一化和大量使用化肥及农药，造成栽培土壤盐渍化、酸化严重，肥料利用率降低，土传病害频发等多种土壤退化现象，特别是在设施菜地更为严重，进而导致农产品产量和品质下降等问题。石灰氮重新成为国内外研究人员解决这一系列问题重要的研究对象，其在农业上的应用也得到快速发展。

目前我国已成为世界上使用化肥与化学农药最多的国家之一。化肥农药的高投入虽然推动了农业生产率和作物产量的大幅度提高，但长期大量施用化肥和化学农药，不但导致农药等有毒物质在土壤中积累，土壤酸化、次生盐渍化，土壤微生物多样性下降，还引起土壤结构破坏，造成土壤养分平衡失调、肥力下降，土壤板结等问题，影响作物正常生长和作物产量和品质，严重的甚至使土地丧失耕作功能。研究表明，石灰氮能有效缓解此类问题。

一、石灰氮的主要作用

1. 防治土传病害

大棚蔬菜的土传病害主要有枯萎病、疫病、根结线虫病、菌核病、黄萎病等，这些土传病害的病原菌主要集中在40厘米以内的土壤中。

石灰氮作为一种高效的土壤消毒剂，其分解的中间产物氰氨和双氰氨对土壤中的真菌、细菌等有害生物具有广谱性的杀灭作用，并且对根结线虫也有一定的防治效果。

利用石灰氮与高温进行土壤消毒，可防治各种土传病害及地下害虫；对真菌性病害，如莴苣的大脉病，豌豆的茎腐病，十字花科蔬菜的根瘤病、根缩病、软腐病，菠菜的萎凋病、立枯病等的防治效果尤为理想。石灰氮结合高温日晒闷棚，对土壤中的镰刀菌的有效杀灭率可以达到99％以上，可以有效控制黄瓜设施栽培中枯萎病的发生，解决黄瓜设施栽培中由于镰刀菌枯萎病引起的连作障碍。据研究，石灰氮不但有效控制了菠菜立枯病及草莓枯萎病，还兼杀蝼蛄、地老虎、金龟子、金针虫、蟛蜞、螺类及大豆囊线虫和杂草种子。因此，应用石灰氮后，可以节约杀虫剂、除草剂等农药。

2. 改良土壤

石灰氮作为一种古老的农用化学肥料，可调节土壤酸碱性、补充植物钙素，是一种土壤改良剂。

石灰氮遇水生成的氢氧化钙能够有效调节土壤酸性，缓解或部分解决农业生产中的土壤酸化问题，石灰氮日光消毒技术为一种非化学的处理手段，无残留、无污染；同时石灰氮最终完全降解为尿素、氢氧化钙等物质，均可被植物吸收利用，维护了土壤微环境生态平衡，逐步形成对有益菌有利的土壤微生态环境，进而抑制有害菌的生长，并将有害菌种群数量降至危害水平之下。

石灰氮是一种长效碱性固体氮肥，含氮20%～22%，施入土壤后先形成酸性氰氨化钙，再与土壤胶体所吸附的氢离子交换，形成游离的氰氨，进而水解为尿素，进一步水解成碳酸铵和碳酸氢铵，最后解离出游离铵"NH_4^+"供作物吸收利用。中间产物氰氨不但对微生物有很强的杀灭作用，可用于防治土传病害，同时还能抑制土壤中硝化细菌的活性，抑制硝化作用。由于石灰氮中含50%～60%石灰，施用于土壤后可迅速中和土壤中的酸性物质，提高土壤 pH，有效纠正土壤酸化。石灰氮又是一种无酸根氮肥，且其硝化作用缓慢，即使施用量稍大也不会导致土壤盐基浓度上升，可以有效控制和缓解土壤盐渍化问题。尤其在设施栽培中，肥料投入量大、频率高，又缺少自然雨水的淋洗，盐分易积累，而导致作物生长障碍，如用石灰氮作为作物生长期的主要氮源或是部分氮源，可减少或者缓解盐分障碍的发生或加重。石灰氮结合有机肥使用，不但可以促进有机物的快速分解和腐熟，减少氮素的挥发损失，而且可以有效增加土壤有机质含量，改善土壤物理结构，增强通气性。此外，施用石灰氮还可以降低土壤重金属含量，增强微生物活性，提高肥料的吸收利用率。

3. 改善农产品的品质

蔬菜作物多喜硝、富氮，因此，生产上为获得高产经常过量施用化学氮肥，致使硝酸盐在蔬菜产品中积累。医学研究证实，硝酸盐在人体内可被细菌还原成亚硝酸盐，亚硝酸盐一方面能直接使人中毒，引起高铁血红蛋白症，严重者可致死；另一方面，亚硝酸盐可与次级胺结合成强致癌物质——亚硝胺。目前硝酸盐对人体健康危害已引起人们的关注，农产品的安全品质也日益受重视。

石灰氮中的氮素释放缓慢，多以铵态氮形式存在，不易淋失，有效期可达 3～4 个月，能满足蔬菜作物生长期对氮肥的大部分需求，减少其他化学氮肥的使用量；同时，其中间产物氰氨和双氰氨都能抑制土壤中硝化作用，使施入土壤中的铵态氮不易转化为硝态氮，减少硝酸盐的生成和在土壤中的积累，进而有效降低植株对硝态氮的吸收，以及硝酸盐在农产品中的积累，改善品质。

石灰氮除了作为氮肥，还含有 38％以上的钙，能满足作物整个生育期内对钙素的基本需求。钙可以促进细胞壁的发育，增厚果皮及增强果皮韧性；减少体内营养物质外渗，抑制病菌侵染，提高植株抗病性；预防因作物缺钙而引起的生理病害，如番茄脐腐病、白菜的干烧心病等，同时还可增加水果及蔬菜的耐贮性。

二、操作方法

在蔬菜大棚内，将石灰氮颗粒剂（含氮量为18％～22％）与稻草、秸秆等未腐熟有机物混合后施入土壤，并在畦间灌水，最后在地面上铺上一层塑料薄膜，利用日光照射及地膜覆盖技术来增加温度和湿度，在高温和氰氨毒性共同作用下，对地下病原菌、害虫及杂草种子有很好的杀灭效果。

1. 清除残留

选择大棚蔬菜拉秧后，将前茬蔬菜残留清洁出大棚，防止二次感染。

2. 确定最佳消毒时期

当季作物收获并清洁温室场地（田园）后，选定夏季气温最高、日光最强烈的时段施用石灰氮。备足有机物（肥）和石灰氮颗粒剂，一般每亩施用稻草或麦秸（最好铡成 4～6 厘米小段，以利于翻耕）等未腐熟的有机物 1～2 吨，加上石灰氮颗粒剂 80 千克，混合均匀后撒施于土壤表面。

3. 施入有机物料和石灰氮，土壤翻耕

（1）**有机物料和石灰氮撒施（图 5-1）后翻耕，翻耕深度 20～30 厘米**　用旋耕机将有机物（肥）均匀深翻埋入土中，使石灰氮颗粒在耕作层内均匀分布，起到全耕作层消毒作用。

（2）**翻耕后起垄覆膜**　为增加土壤的表面积，以利于快速提高地温，延长土壤高温所持续的时间，取得良好的消毒效果。可做高 30 厘米左右、宽 60～70 厘米的畦（图 5-2A）。同时为

图 5-1 有机物料及石灰氮撒施后翻耕

提高地表温度，做垄后在地表覆盖塑料薄膜将土壤表面密封起来（图 5-2B）。

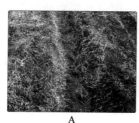

A   B

图 5-2 翻耕后起垄覆膜

4. 灌水闷棚

畦面覆盖透明薄膜，四周压实，将地表密封后，进行膜下灌溉，将水灌至淹没土垄，而后密封大棚进行闷棚（图 5-3）。一般晴天时，20～30 厘米的土层能较长时间保持在 40～50 ℃，地表可到 70 ℃以上的温度。这样的状况持续15～20 天，以防治根结线虫，增加土壤肥力。

图 5-3　灌水闷棚

5. 揭膜整地

下茬设施蔬菜定植前一周揭开薄膜散气，然后整地播种或定植作物。

三、注意事项

（1）作业时避免药肥接触皮肤。必须戴护眼罩、口罩、橡胶手套，身着无破损的长裤长袖衣服作业，以免药肥接触皮肤。药肥一旦接触皮肤，用肥皂、清水仔细冲洗；如误入眼睛，即刻用清水冲洗，严重者请医生治疗。

（2）撒施石灰氮前后 24 小时内，严禁饮用任何含有酒精的饮料，绝不能饮酒。

（3）撒施过程中不能吸烟、吃东西、喝水。

（4）撒施后要漱口、洗脸、洗手。

（5）不能混合使用的肥料有：硫酸铵、硝酸铵、氯化铵、氨水等，以及包括上述铵态氮的各种复合肥料。

（6）能混合使用的肥料有：熔成磷肥、骨粉、硅酸钙、硫酸钾、肥料用硝石灰、硫酸钙、氯化钙、草木灰、植物油渣及有机肥料。

（7）与尿素配合施用时应注意：在尿素作追肥使用时，发挥石灰氮与尿素的协同增效作用，尿素追施时间可比平常晚 1 周左右，尿素追施量应比单一使用量减少 5%～10%。

第二节　秸秆生物反应堆技术及秸秆还田技术

一、秸秆生物反应堆技术

作物秸秆生物反应堆技术即在温室、大棚等设施蔬菜生产的低温季节，在土壤耕层下铺设秸秆（玉米、水稻等作物秸秆），并在秸秆上施用腐生生物菌，使秸秆或农家肥在通氧的条件下分解产生热量、二氧化碳及释放有机物速效养分的生态技术。秸秆生物反应堆技术可用秸秆有玉米秸、麦秸、稻草、稻糠、豆秸、花生秧、花生壳、谷秆、高粱秆、向日葵秆等。

1. 技术原理

秸秆生物反应堆技术是利用各种作物秸秆，在特定微生物菌群的作用下，定向产生作物生产所需要的二氧化碳、热量、抗病孢子以及有机和无机养分。其作用主要是提高地温，改善土壤环境，提高作物的光合效率和抗病能力，避免因作物秸秆焚烧而造成的环境污染等。设施蔬菜棚室应用秸秆生物反应堆技术，可以解决设施蔬菜生产二氧化碳亏缺、大量施入化肥后土壤板结致使根系生长受阻等一系列问题；也可克服冬季地温过低造成的根系生理障碍、通风不良湿度过大导致病害严重等问题。利用秸秆与微生物反应产生热量的原理，此技术可以很好地提高地温，改善因低温对植物造成的伤害。据测定，使用秸秆生物反应堆可提高地温 $3\sim5\ ℃$。

2. 技术优势

（1）**提高土壤温度** 地下秸秆在分解过程时

产生热量，棚室 20 厘米之下地温平均提高 2～3℃，气温平均提高 1～2℃，对作物的缓苗及生长发育具有明显的促进作用。

（2）**提高棚室内二氧化碳浓度** 秸秆生物反应堆试验棚比对照棚二氧化碳浓度可提高 4～6 倍，当棚室中二氧化碳浓度增加至 1 000 毫克/千克，果菜类增产幅度 35%～42%，其他蔬菜增产 14%～45%。

（3）**提高作物抗病性减少用药** 应用秸秆反应堆技术作物发育健壮，抗病性强，生长前期的番茄早疫病、晚疫病、枯萎病根结线虫等病虫害明显减轻，从而减少农药的使用量。与此同时农产品口味、品质明显提高。

（4）**节水节肥** 由于秸秆的吸水能力强，土壤保水能力得到提高，常规栽培可减少灌水量 20%左右，节肥量达 28%左右。

（5）**改良土壤改善环境** 设施农业连年生产后都存在土壤盐渍化的问题，应用秸秆反应堆技术可使土壤结构明显得到改善，土壤通透性增强，土壤有机质含量提高，根系生长和吸收能力明显增强。

3. 技术效果

应用秸秆生物反应堆技术后，由于二氧化碳供应充足，气温、地温提高，有益微生物大量繁殖，及秸秆腐熟后产生大量的有机、无机养分，使作物生长健壮，抗病抗逆能力增强，土壤得到快速改良，使农药使用量下降 70% 以上，高产优质，蔬菜外观和口味都有极大改善。

同时秸秆生物反应堆技术能够使大量剩余秸秆得到合理利用，提高秸秆的利用率，产生良好的经济效益，并能有效解决焚烧秸秆造成的环境污染、火灾，以及威胁高速公路行车和飞机起降等问题。

秸秆生物反应堆技术应用于设施蔬菜生产具有良好的效果，主要体现在以下几个方面。

（1）**上市早** 应用该技术可有效提高地温 3℃以上，利于作物根系发育和促进植株生长，较常规设施蔬菜生产可提早上市 10 天以上。

（2）**病害轻** 应用该技术可有效改良土壤理化性质，控制连作障碍病害的发生，降低棚室湿度，蔬菜整个生育周期基本上不发生病害，植株生长健壮，降低了生产成本。

（3）**产量高** 应用该技术产生的二氧化碳浓度是常规生产的 4～6 倍，有效缓解了"蔬菜的光合饥饿现象"，同时提高光能利用率 50％以上，产品提前上市，延长了采收期，产量较常规生产可提高 30％以上。

（4）**质量好** 应用该技术的蔬菜产品，由于病害发生少，秸秆经生物反应释放养分，有效促进了植株生长，使产品外观色泽和内在品质均优于常规生产，市场价格高。

4. 操作步骤

（1）**开沟** 在定植行下开沟，沟深 40～50厘米，沟宽 50 厘米，沟长与行长相等。

（2）**铺秸秆** 每沟铺满秸秆 20～40 千克，每平方米大棚需 5～7 米² 的玉米秸秆。沟两端底层秸秆搭在沟沿上 10 厘米，以便浇水和透气。秸秆要铺匀踩实，比原地面高出 5～10 厘米。

（3）**拌菌剂和撒菌种** 将秸秆发酵复合菌剂按每公顷 120～150 千克和麦麸按 1：20 的比例搅拌均匀后加水，干湿度以手握成团一碰即散为宜。将搅拌好的混合物避光发酵 24 小时（平摊厚度 10～20 厘米），当天用不完的菌剂均匀撒在每个沟的秸秆上，撒后用铁锹轻轻拍振，使菌剂渗透到下层部分，均匀落在秸秆上。

(4) **覆土** 撒完生物菌剂后即可覆土，土层厚度15～20厘米。不能太薄，小于15厘米不利于定植作物生长；也不宜太厚，不要超过20厘米，否则将影响效果及增产幅度。

(5) **浇水** 第一次往秸秆沟里浇水一定要浇满沟、浇透，使秸秆吸足水分，以上层所覆盖的土被水淹湿为宜。因为菌剂的使用寿命是5～7个月，浇水后生物菌剂便开始启动，为了达到理想效果，在定植前7～10天浇水。

(6) **定植和打孔** 定植、覆膜后打孔。用12～14号钢筋打孔，打3～4排。距苗10厘米穿透秸秆层打至沟底。苗期每棵秧打2个孔，采收期可以打4～6个孔，以后每隔20～30天透一次孔。蔬菜定植前半个月到一个月，在每个定植畦上开与定植畦等长的沟，在沟内铺一层30厘米厚的长秸秆或粉碎秸秆，分两层撒菌种。秸秆铺好喷上菌种后，撒上尿素，用水浇透。然后，盖土踏实，浇一遍水，把凹陷处用土覆平，然后即可起垄整畦。

操作时注意事项可概括为"三足、一露、两不准、三不宜。"

① 三足：秸秆用量要足，菌种用量要足，第一次浇水量要足。

② 一露：沟两头秸秆要露出沟头 10 厘米。

③ 两不准：不准向秸秆沟内直接灌杀菌剂。第一次大水后不准对秸秆浇水过频或浇大水。

④ 三不宜：开沟不宜过深（25～30 厘米），覆土不宜过厚（20～25 厘米），打孔不宜过晚。

5. 注意事项

（1）**开沟不宜过深、过宽** 开沟深度不超过 30 厘米，宽不超过 60 厘米。开沟过深会造成畦面塌陷严重。开沟过宽使植株定植在反应堆上，畦面塌陷影响植株生长；同时，开沟过宽会造成灌水时畦沟和畦肩过湿，导致棚室内湿度加大。

（2）**菌种用量不宜过大** 菌种用量应按照产品使用说明书使用，严格控制用量，避免菌种用量过大造成秸秆分解过快，没有后劲。

（3）**重视施基肥和追肥** 必须保障施肥，秸秆养分不能代替基肥与追肥，除非温室以前施肥过量。基肥不足，会造成植株生育前期脱肥，植株叶片发黄，后期会造成果穗大小差异大和空洞果；追肥不足，后期造成植株早衰。

使用秸秆生物反应堆期间，注意氮肥施用，前期若秸秆反应堆未及时补充速效氮肥，会造成土壤微生物与蔬菜根系争氮，影响幼苗正常生长，出现幼苗发黄、瘦弱等问题。

蔬菜生长中后期则要控制氮肥使用量，因为秸秆在分解过程中会逐渐释放较多的氮，如果在此时再按照原来的习惯大量补充氮肥，会导致氮肥过量过多，造成植株旺长，所以在后期应该少用或不用氮肥。

(4) 填入秸秆过厚且未分层 埋秸秆正确的做法是：填入秸秆后，每层秸秆厚度在 15～20 厘米是比较合理的，上面覆盖 15～20 厘米土壤，压实。分层施用，秸秆上覆盖的土层较厚，有利于蔬菜苗期根系的扩展，也不会在后期造成地面下陷。

(5) 打孔 秸秆腐熟菌属好气性微生物，只有在有氧条件下菌种才能活动旺盛，发挥其功效。因此，在秸秆反应堆应用过程中，打孔是非常关键的措施。

打孔不宜过晚过少。定植后应及时打孔，特别注意的是日常管理中要勤打孔，灌水后孔被土淤住了也要及时疏通或者在别的位置上重新打孔，使反应堆产生二氧化碳气体及时排放到温室空间，促进植株光合作用，也防止根颈周围二氧化碳浓度过高而影响根系生长发育。

（6）**浇水次数减少、总量不变**　除缓苗水减少外，平时管理浇水次数也要减少，但浇水总量不减。一般常规栽培浇 2 次水，用该项技术只浇 1 次水，但每次浇水量加倍。

（7）**各种杀菌剂均不能土施、灌根**　杀菌剂土施、灌根会影响菌肥活性，应严格禁止使用。

（8）**不可忽视农药使用**　秸秆反应堆增强了作物抗病性，但病虫害综合防治是不能忽视的，特别是叶部病虫害的综合防治。地上叶部病害应和常规一样防治。

（9）**加强保温管理**　该技术虽然能提高温度，但保温管理也不能掉以轻心。如早上在温度过低的阴天过早揭草毡，有时一次失误就会造成冻害。

（10）**注意防止地温过高造成徒长**　由于秸秆分解产生热量，早期地温、室温可能会偏高，出现植株徒长现象。应对的办法是加大放风量，延长放风时间，必要时使用激素控旺。

二、秸秆还田技术

秸秆生物反应堆技术比较复杂，投资成本较高，简单的秸秆还田技术虽然达不到增温 3～5 ℃的效果，但是可以明显促进土壤微生物活动，冬季提高土温 1～2 ℃，增产 10% 以上。

操作步骤：在翻地前随基肥（粪肥）施入铡碎的秸秆（玉米、小麦、水稻），一般每亩500～800 千克，然后按照常规方法整地、栽培；冬春茬和秋冬茬果类蔬菜栽培均可进行秸秆还田。秸秆还田技术适合老设施菜地，对于克服土传病害和抑制线虫、去除盐渍化有效果。

第三节　种植填闲作物

一、填闲作物

土地集约化经营的设施农业是我国农业的重

要组成部分。然而，集约化种植体系中传统的连作和简单轮作更多地依赖农药和化肥，由此引发了温室土壤质量的下降和作物生长障碍，从而使得作物产量下降。如何阻控土壤功能衰退，修复并保持土壤健康，实现设施蔬菜产业可持续发展是设施蔬菜生产上亟待解决的问题。填闲作物是维持集约化种植体系土壤功能的生物途径。

填闲作物的概念来源于自然休耕，也可称为植草休耕。在世界很多地区，在传统的种植周期中，主要的经济作物收获后，为了土壤培肥和降低杂草虫害，通常有一段长时间的植草休耕期，这期间任由自然植被生长。后来发现，以种植豆科植物代替自然植草，使土壤氮素营养增加，对后茬作物具有增产作用。早在20世纪初，利用休闲期种植作物来减少氮素淋溶的思想就已被提出了。1997年，氮素捕获作物的概念被提出：主要作物收获后，在多雨季节种植的作物以吸收土壤氮素、降低耕作系统中的氮素淋溶损失，并将所吸收的氮素转移给后季作物。随后，有人称氮素捕获作物为"改良休耕作物""管理休耕作物"等。氮素捕获作物包含于覆盖作物中。休闲期种植的氮素捕获作物和覆盖作物（包括生物固氮作物）统称为填闲作物。种植填闲作物是设施菜地退化土壤修复的主要生物修复技术。"填闲作物"指为填补休闲期空白而种植的作物，填闲作物的作用主要体现在其阻控集约化设施菜田土壤质量衰退或修复退化土壤功能上。填闲也属于轮作范畴。但是，与传统轮作相比，填闲并没有大幅度改变集约化生产体系主栽经济作物的种植习惯，是一种简单、特殊而有效的轮作模式。我们称这种利用短期空闲进行轮作的种植模式为填闲。填闲作物可以定义为：在设施菜田中，主栽蔬菜作物收获后，在轮换种植间隙较短的时间内种植的修复并保持土壤功能、改善后季作物生长发育的作物。

夏季休闲是我国北方日光温室蔬菜种植体系中用来改良土壤环境的传统措施。传统的休闲在改良退化土壤中的作用非常有限。此外，在夏季休闲期日光温室常常进行揭膜晒地，而夏季又是我国北方的多雨季节，土壤养分随雨水下渗而污染地下水。取代传统休闲的方法之一是在夏季种植生长周期短、耐热的深根系作物阻控养分流失。这种作物被称为夏季填闲作物。已有许多深根系作物被欧洲、美国和中国科技工作者分别用作冬季和夏季填闲作物来阻控硝酸盐淋失、防治土壤退化和促进作物生长。国外有关填闲作物的研究由来已久，且较深入。

二、填闲作物的作用

在集约化设施蔬菜生产中，填闲作物的种植能够实现在不大幅度改变种植体系的情况下有效提高土壤的贮存能力和养分循环能力，实现环境友好。在环境友好的基础上，保证主栽作物健康生长是填闲作物的唯一使命。不同植物对土壤环境的影响不同，因此，应根据不同时期土壤质地的变化，在相同或不同时间选择多种填闲作物才能综合阻控土壤功能衰退。

填闲可在不改变原有栽培方式的基础上，有效改变土壤养分分布，改良土壤结构，提高土壤的贮水能力和养分循环能力，是一种改善土壤质量的栽培方式。填闲作物中，豆科作物根系可以释放较多的酶，使土壤保留更多含氮的有机残体，促进土壤生物学活性，提高作物产量。填闲作物的种植不仅能有效降低硝态氮在土壤中的累积，减少硝态氮的淋洗，而且可以在其收获后通过残体还田的方式将吸收的氮转移给后季作物，有效改变土壤中养分的分布，改良土壤结构和土壤微生物数量及种类。

填闲作物增加主栽作物产量是因为其引起了种植体系内土壤微生物群落结构与活性及其生物量的变化。一方面，作物根系的分泌物和死亡的根是微生物丰富的能源物质，其地上部可以为土壤微生物提供大量凋落物；另一方面，这些物质也可能对病原生物构成威胁，如夏季休闲期种植青蒜可降低黄瓜致病菌的积累。研究发现，小麦与黄瓜伴生可以显著降低黄瓜霜霉病和角斑病的发病率和病情指数，同时可以降低白粉病的发病率。

更多的研究表明，微生物多样性可能是维持土壤功能的基础。

种植填闲作物后土壤速效养分含量和土壤各盐分离子大幅减少，土壤 EC（电导率）值降低；填闲作物翻压还田，能为下茬提供数量可观的养分来源。

据研究，在温室夏季休闲期种植大葱后，0～30 厘米土层土壤中的细菌和放线菌数量明显增加，细菌和真菌的比值显著增大，土壤微生物总量增加，且土壤微生物生物量增加，同时抑制了黄瓜致病菌镰刀菌的繁殖，土壤中的线虫总量、根结线虫数量、寄生性线虫数量受到抑制；在温室休闲期间种植速生叶菜和甜玉米后，土壤中的速效养分含量大量减少，土壤 EC 值减小，盐分含量下降。因此，种植填闲作物明显改善了土壤的生物环境，显著降低了土壤的养分积累，减缓了次生盐渍化的形成。

填闲作物在设施蔬菜生产轮作体系中的应用是近年防治土壤氮素损失和土壤硝酸盐淋溶的新兴措施。种植填闲作物调整蔬菜生产的轮作结构，运用生物修复的原理，引入适宜的深根系填闲作物对深层土壤硝酸盐吸收利用，对避免硝酸盐进一步淋失、提高氮素的利用率具有重要作用。

三、设施蔬菜种植体系中填闲作物的选择

填闲作物应选择生长迅速、生物量大、氮素累积能力强的作物，在考虑填闲作物防治硝酸盐

淋溶的同时，要兼顾其经济利用价值，结合深根系的填闲作物进行合理轮作是蔬菜安全生产及可持续发展的途径之一。

在设施生产中，主要的蔬菜多属于浅根系作物。设施菜地常处在半封闭状态下，这种土地种植蔬菜几年以后，土壤肥力状况将发生显著变化，主栽作物因土壤障碍而造成产量下降的问题普遍存在。因此，填闲作物应具备两点要求：一是在较短生长期内，地上部及根系生长迅速、生物量大、根系深（深根系有利于接触更多的土壤）等特点；二是能有效地改变土壤中养分的分布、改良土壤结构和土壤生物学环境，对下茬作物根系生长产生良好影响。

目前我国应用于设施蔬菜生产体系中的填闲作物有：甜玉米、籽粒苋、小麦、茼蒿、大葱、毛苕子、菜豆、苏丹草、甜高粱、速生叶菜等。

四、设施菜田种植填闲作物土壤改良技术

1. 填闲作物——甜玉米

在我国设施蔬菜栽培条件下，从 6 月中旬到

9月下旬有一个较长的休闲期。在这段时期，农户一般采取2种措施：一是揭开棚膜晒地，北方这一时期降雨比较集中，主要蔬菜作物收获后根层土壤中残留的氮素以及土壤矿化的氮素很容易淋洗，造成损失；二是不揭膜进行闷棚，为了保证下季作物种植水分充足，这一期间一般需要灌水1～2次，根层土壤中残留的氮素也会随灌水淋洗。因此，在设施蔬菜生产的休闲期间种植填闲作物是减少氮素损失的有效途径。

甜玉米具有生长期短，地上部和根系生长迅速，生物量大，根系深等特点，是理想的夏季填闲作物，具有如下效果：

① 减少氮素的淋洗。甜玉米作为夏季填闲作物种植，每亩可带走氮素10～12千克，可以将体系的氮肥利用率提高7.2%，减少16%的氮素损失，而且并未显著降低下季黄瓜的产量，因此，甜玉米可以作为推荐施肥管理的有效补充引入到日光温室蔬菜种植体系。

② 改良土壤，减缓盐渍化。种植填闲玉米可以缓解保护地土壤理化性状劣化程度。经过填闲玉米的吸收与消耗，土壤EC值降低50%～

82%、速效钾降低 17%～27%、硝态氮降低 60%以上，这对于防止保护地土壤次生盐渍化、硝酸盐累积造成环境污染具有重要意义。

③ 抑制线虫发病。土壤中线虫数量的多少受多种因素的影响，土壤温度、湿度、pH 以及土壤氮、磷、钾含量等都会影响线虫的发生和分布，夏季高温多雨的环境有利于喜温性线虫的活动，而玉米是线虫的非寄主植物，种植填闲玉米可对土壤中线虫数量的增长有一定的抑制作用。

④ 提高土壤微生物活性。填闲作物种植以后，由于受到根系分泌物以及残茬脱落物的影响，使得土壤微生物活性得到提高。

(1) 操作步骤

① 育苗。冬春茬作物拉秧前 20 天左右，一般在 6 月上旬开始育苗，育苗前进行浸种，一般采用冷浸和温汤方法，冷水浸种时间为 12～24 小时，温汤（55～58 ℃）一般 6～12 小时，也可用 25 千克腐熟人尿兑 25 千克水或沼液浸种 12 小时，或用 0.2% 的磷酸二氢钾或微量元素浸种 12～14 小时。采用营养钵育苗法。

② 整地。冬春茬作物拉秧后，将残株移出

温室,不需施用基肥,直接翻耕整地,做畦。

③ 移栽。玉米苗 5～6 片叶,株高 10 厘米时,开沟定植,密度一般为 30 厘米×60 厘米,定植后浇一次缓苗水,缓苗水应浇透,一般灌水量为 45～50 毫米。

④ 灌溉。玉米生长前期过于干旱时,可在苗期进行一次灌溉。

⑤ 施肥。整个作物生长期间不需要施肥,深根系的填闲玉米可充分利用土壤中残留养分。

⑥ 秸秆处理。收获后的秸秆可粉碎成 2～3 厘米小段均匀还田翻地,为下茬作物提供养分,或者收获后用于饲喂牲口。

⑦ 移除玉米根。收获时将根系连同秸秆一并移出温室。

⑧ 下茬作物整地。玉米收获后粉碎还田或移出,同时在秋冬茬作物定植前 2～3 天均匀撒施有机肥后进行深翻整地,做畦,进行秋冬茬作物定植。

(2) 注意事项

① 浸过的种子要在当天播种,不要过夜;在土壤干旱又无灌溉条件的情况下,不宜浸种。

② 甜/糯玉米拱土能力差，育苗时覆土不宜过厚，一般 3～5 厘米即可。

③ 填闲生长期间，气温高于 30 ℃时及时打开通风口放风，防止玉米徒长。

④ 前期多雨季节闷棚防淋洗，促进根系深扎；后期雨量少揭开棚膜，进行洗盐。

⑤ 夏季高温易发生病虫害，主要病害有粗缩病，大、小斑病，黑粉病和纹枯病等；主要虫害有地下害虫、蓟马、玉米螟、蚜虫和红蜘蛛等。所以，在玉米栽培过程中必须搞好病虫害的综合防治。

2. 填闲作物——小麦

（1）**小麦填闲技术** 每年 6 月中旬上茬蔬菜拉秧后，不揭大棚膜，旋耕土壤，也可以免耕。将用药剂拌好的小麦种，按每亩 10 千克的播种量，采用条播或撒播的方式播种，小麦生长期间及时灌水，在下茬作物定植前 10 天左右采用旋耕机翻耕小麦，高温闷棚。

（2）**寿光地区的夏季填闲种植小麦的技术** 每亩仅需投入 10 千克小麦种，折合人民币约 11 元，成本投入小，效果明显。夏季种植填闲小麦可以显著提高日光温室黄瓜土壤脲酶、蔗糖酶、过氧化氢酶活性，从而提高土壤肥力，改善土壤内部的生态环境，提高土壤质量。同时还发现，与常规休闲对照相比，6年连作日光温室种植填闲小麦，在黄瓜定植50天时，黄瓜株高、茎粗均显著高于常规休闲对照，黄瓜产量也高于常规休闲对照。

3. 填闲作物——葱蒜类

葱蒜类植物的生长速度很快，且生物产量较高，也可以起到减少硝酸盐淋洗、有效利用菜田土壤残留氮、降低土壤氮素损失等作用。目前寿光市用作夏季填闲的葱蒜类植物主要是大葱。夏季填闲种植大葱不影响下茬作物的产量和品质，且可以收获一茬大葱，生态和经济效益显著。

大葱填闲技术：每年6月中旬上茬蔬菜拉秧后，揭去大棚膜，不施肥，沿着上茬作物种植区定植大葱苗，采用常规水分管理方式进行栽培管理。9月上中旬收获大葱，上市销售。

主要参考文献

陈天祥，孙权，顾欣，等，2016. 设施蔬菜连作障碍及调控措施研究进展. 北方园艺（10）：193-197.

方有历，2015. 客土栽培法防治大头菜根结线虫病试验初报. 南方农业，9（36）：30-31.

高建峰，徐明芳，丁瑞芬，等，2015. 土壤酸化的原因、危害与治理对策分析. 上海农业科技（2）：102-104.

胡萍，严秀琴，虞冠军，等，2005. 设施土壤次生盐渍化客土修复技术初探. 上海交通大学学报（农业科学版），45（1）：46-51.

黄昌勇，徐建明，2010. 土壤学. 北京：中国农业出版社.

李朋忠，杨金明，2010. 设施蔬菜连作障碍的石灰氮解除技术. 上海蔬菜（3）：66-67.

李天来，杨丽娟，2016. 作物连作障碍的克服——难解的问题. 中国农业科学，49（5）：916-918.

刘长泰，孙国清，2014. 设施蔬菜连作障碍的原因及防治措施. 现代农业科技（24）：177-178.

刘俊玲，尹元拴，2016. 日光温室土壤退化的防治与修复技术. 科技与新农村（7）：30-31，34.

刘璐璐，张婷，余朝阁，2016. 果菜类蔬菜根层调控的研究进展. 上海蔬菜（2）：84-87.

刘明震，2015. 设施蔬菜秸秆生物反应堆应用技术. 新农业（8）：38-39.

刘兆辉，江丽华，张文君，等，2008. 山东省设施蔬菜施肥量演变及土壤养分变化规律. 土壤学报，45（2）：296-303.

吕贻忠，李保国，2006. 土壤学. 北京：中国农业出版社.

潘根兴，程琨，陆海飞，等，2015. 可持续土壤管理：土壤学服务社会发展的挑战. 中国农业科学，48（3）：4607-4620.

彭铜燕，邵淑华，万春艳，2016. 无公害蔬菜测土配方施肥技术. 农业科学，36（12）：19.

任智慧，陈清，李花粉，等，2003. 填闲作物防治菜田土壤硝酸盐污染的研究进展. 环境污染治理技术与设备，4（7）：13-17.

施南芳，2012. 设施栽培对土壤主要养分的影响及土壤改良措施. 农技服务，29（4）：407-408.

苏红，2015. 保护地土壤次生盐渍化形成原因、危害及防治措施. 农业开发与装备（3）：36.

隋好林，于杰美，王国辉，2011. 烟台市蔬菜保护地土壤肥力状况. 湖北农业科学，50（2）：4576-4578.

孙启玉，江霞，2014. 石灰氮日光土壤消毒防治土传病害．农业知识（11）：27-28.

田永强，高丽红，2012. 填闲作物阻控设施菜田土壤功能衰退研究进展．中国蔬菜（18）：26-35.

童有为，1997. 温室大棚土壤盐渍的指示植物——紫球藻．上海蔬菜（11）：38.

王敬国，2011. 设施菜田退化土壤修复与资源高效利用．北京：中国农业大学出版社．

王礼，喻景权，2006. 石灰氮在设施园艺中应用研究进展．北方园艺（6）：57-59.

王丽英，任珊露，严正娟，等，2012. 根层调控：果类蔬菜高效利用养分的关键．华北农学报，27（增刊）：292-297.

王思萍，杜守良，丁美丽，2014. 蔬菜大棚土壤污染成因及修复措施．资源与环境科学（7）：250-251.

王通华，李频道，仲崇林，2014. 我国保护地蔬菜土壤次生盐渍化研究报告．山西农经（6）：43-45.

温红霞，李志，王星红，等，2011. 日光温室客土栽培土壤盐分变化规律研究．宁夏农林科技，52（12）：14，17.

肖千明，高秀兰，娄春荣，等，1997. 辽宁省蔬菜保护地土壤肥力现状分析．辽宁农业科学（3）：17-21.

肖万里，吴凤芝，郎德山，2014. 夏季填闲作物在寿光市日光温室蔬菜生产中的应用．中国蔬菜（12）：79-80.

薛延丰，石志琦，2011. 不同种植年限设施地土壤养分和重金属含量的变化特征. 水土保持学报，25（4）：125 - 130.

杨永胜，2013. 秸秆生物反应堆在保护地蔬菜上的应用. 新农业（11）：35.

伊田，梁东丽，王松山，等，2010. 不同种植年限对设施栽培土壤养分累积及其环境的影响. 西北农林科技大学学报（自然科学版），38（7）：111 - 117.

尹春艳，骆永明，滕应，等，2010. 典型设施菜地土壤抗生素污染特征与积累规律研究. 环境科学，34（8）：2810 - 2816.

张金锦，段增强，2011. 设施菜地土壤次生盐渍化的成因、危害及其分类与分级标准的研究进展. 土壤，43（3）：361 - 366.

张桃林，2015. 加强土壤和产地环境管理促进农业可持续发展. 中国科学院院刊，30（4）：435 - 444.

赵翠英，过亚东，2015. 设施农业土壤质量问题的研究. 农业科技通讯（2）：124 - 127.

赵慧军，2012. 测土配方施肥在温室蔬菜生产中的应用研究. 黑龙江生态工程职业学院学报，25（2）：26 - 28.

周晓芬，杨军芳，冯伟，等，2008. 设施菜田土壤磷、钾养分积累状况与特点. 华北农学报，23（4）：196 - 200.

图书在版编目（CIP）数据

设施菜地退化土壤修复技术/金圣爱，李俊良主编．
—北京：中国农业出版社，2017.6
（听专家田间讲课）
ISBN 978-7-109-22881-8

Ⅰ.①设… Ⅱ.①金…②李… Ⅲ.①蔬菜园艺-设
施农业-土壤退化-修复-研究 Ⅳ.①S158.1②S626

中国版本图书馆 CIP 数据核字(2017)第 090237 号

中国农业出版社出版
（北京市朝阳区麦子店街 18 号楼）
（邮政编码 100125）
策划编辑 魏兆猛

中国农业出版社印刷厂印刷 新华书店北京发行所发行
2017 年 6 月第 1 版 2017 年 6 月北京第 1 次印刷

开本：787mm×960mm 1/32 印张：5.75
字数：75 千字
定价：15.00 元
（凡本版图书出现印刷、装订错误，请向出版社发行部调换）